Duc-Tuong Nguyen

Améliore de la qualité d'une cellule photovoltaïque organique

Duc-Tuong Nguyen

Améliore de la qualité d'une cellule photovoltaïque organique

Optimisation d'un oxyde comme couche tampon à l'interface électrode/semi-conducteur organique dans une cellule solaire

Presses Académiques Francophones

Impressum / Mentions légales
Bibliografische Information der Deutschen Nationalbibliothek: Die Deutsche Nationalbibliothek verzeichnet diese Publikation in der Deutschen Nationalbibliografie; detaillierte bibliografische Daten sind im Internet über http://dnb.d-nb.de abrufbar.
Alle in diesem Buch genannten Marken und Produktnamen unterliegen warenzeichen-, marken- oder patentrechtlichem Schutz bzw. sind Warenzeichen oder eingetragene Warenzeichen der jeweiligen Inhaber. Die Wiedergabe von Marken, Produktnamen, Gebrauchsnamen, Handelsnamen, Warenbezeichnungen u.s.w. in diesem Werk berechtigt auch ohne besondere Kennzeichnung nicht zu der Annahme, dass solche Namen im Sinne der Warenzeichen- und Markenschutzgesetzgebung als frei zu betrachten wären und daher von jedermann benutzt werden dürften.

Information bibliographique publiée par la Deutsche Nationalbibliothek: La Deutsche Nationalbibliothek inscrit cette publication à la Deutsche Nationalbibliografie; des données bibliographiques détaillées sont disponibles sur internet à l'adresse http://dnb.d-nb.de.
Toutes marques et noms de produits mentionnés dans ce livre demeurent sous la protection des marques, des marques déposées et des brevets, et sont des marques ou des marques déposées de leurs détenteurs respectifs. L'utilisation des marques, noms de produits, noms communs, noms commerciaux, descriptions de produits, etc, même sans qu'ils soient mentionnés de façon particulière dans ce livre ne signifie en aucune façon que ces noms peuvent être utilisés sans restriction à l'égard de la législation pour la protection des marques et des marques déposées et pourraient donc être utilisés par quiconque.

Coverbild / Photo de couverture: www.ingimage.com

Verlag / Editeur:
Presses Académiques Francophones
ist ein Imprint der / est une marque déposée de
OmniScriptum GmbH & Co. KG
Heinrich-Böcking-Str. 6-8, 66121 Saarbrücken, Deutschland / Allemagne
Email: info@presses-academiques.com

Herstellung: siehe letzte Seite /
Impression: voir la dernière page
ISBN: 978-3-8416-2483-3

Copyright / Droit d'auteur © 2013 OmniScriptum GmbH & Co. KG
Alle Rechte vorbehalten. / Tous droits réservés. Saarbrücken 2013

RÉSUMÉ

Ces travaux concernent l'utilisation d'un oxyde comme couche tampon à l'interface électrode/semi-conducteur organique dans une cellule photovoltaïque afin d'en augmenter le rendement et la durée de vie. A l'heure actuelle les performances des cellules photovoltaïques organiques sont limitées par la barrière de potentiel à l'interface électrode/semi-conducteur et le drainage médiocre des charges vers les électrodes. Notre étude porte sur l'optimisation de couches minces de NiO déposées par pulvérisation cathodique réactive DCMS et HiPIMS. Nous avons montré que les conditions de décharge telles que la pression, puissance et pourcentage de gaz réactif jouent un rôle déterminant sur la qualité des films de NiO. Les films obtenus étaient bien cristallisés avec une orientation préférentielle (111) ou (200) selon qu'ils étaient sur-stœchiométriques en nickel ou oxygène. L'écart à la stœchiométrie permettant d'augmenter la conductivité mais diminuant la transmittance. Les recuits réalisés sur ces films ont montré qu'ils devenaient transparents quelle que soit leur composition initiale tout en gardant une orientation préférentielle représentative de leur teneur en oxygène initiale. Pour les films de NiO déposés par HiPIMS nous avons montré qu'il était possible de contrôler finement la quantité d'oxygène dans nos films en faisant varier la largeur des pulses et par la même d'ajuster le gap optique depuis 3,28 eV jusque 4,18 eV en fonction de la largeur de pulse. Ensuite nous avons montré qu'en introduisant une couche mince de NiO à l'interface ITO/Organique on pouvait améliorer le rendement d'un facteur 3 et multiplier la durée de vie des cellules photovoltaïques organiques par plus de 17. Enfin, nous avons optimisé les propriétés électriques et optiques des structures multicouches $MoO_3/Ag/MoO_3$ et montré qu'on pourrait, à terme, remplacer l'ITO par une structure MoO_3 (20 nm)/Ag(10nm)/MoO_3(35nm).

ABSTRACT

This work involved the use of an oxide as the buffer layer at the electrode / organic semiconductor interface in a photovoltaic cell in order to increase the efficiency and lifetime. Currently the efficiency of organic solar cells is restricted by the high potential barrier at the electrode / semiconductor contact and inefficiencies in the transport of electric charges to the electrodes. Our study focuses on the optimization of NiO thin films deposited by reactive sputtering DCMS and HIPIMS. We have shown that the discharge conditions such as pressure, power and percentage of reactive gas play an important role on the properties of NiO thin films. The films were well crystallized with a preferential orientation (111) or (200) related to the sub-stoichiometric in oxygen or nickel. The deviation from stoichiometry leads to an increase of the conductivity but also to a decrease of the transmittance. After annealing processing, these films became transparent whatever their initial composition while maintaining a preferred orientation which is representative of their initial oxygen content. For NiO thin films deposited by HIPIMS we have proved that it was possible to precisely control the amount of oxygen in our films by varying the pulse width but also possible to adjust the optical gap from 3.28 eV up 4.18 eV. Then we have shown that by introducing a thin layer of NiO at the ITO / Organic semi-conductor interface, the performance and the lifetime of organic solar cells could be improve by 3 and more than 17 times respectively. Finally, we optimized electrical and optical properties of multilayer structures $MoO_3/Ag/MoO_3$ that could eventually replace the ITO by a structure MoO_3 (20 nm) / Ag (10 nm) / MoO_3 (35 nm).

TABLE DES MATIÈRES

RÉSUMÉ 1

ABSTRACT 2

LISTE DES FIGURES 7

LISTE DES TABLEAUX 12

INTRODUCTION GÉNÉRALE 14

CHAPITRE I: ÉNERGIE SOLAIRE ET CELLULES PHOTOVOLTAÏQUES ORGANIQUES 17

I.1. Introduction 18

I.2. Rayonnement solaire et conversion d'énergie 19

   I.2.1. Le rayonnement solaire *19*

   I.2.2. Les émissions du Soleil. *22*

I.3. Conversion d'énergie : les différentes technologies solaires 24

   I.3.1. Solaire à concentration thermodynamique. *24*

   I.3.2. Solaire thermique *24*

   I.3.3. Solaire Photovoltaïque *25*

I.4. Cellules photovoltaïques organiques 25

   I.4.1. Principe de fonctionnement *26*

   I.4.2. Architecture d'une cellule solaire organique *29*

   I.4.3. Circuit électrique équivalent et les paramètres fondamentaux. ...*35*

      I.4.3.1. Circuit électrique équivalent *35*

      I.4.3.2. Les paramètres fondamentaux des cellules photovoltaïques ..*36*

   I.4.4. Performances et limites *39*

   I.4.5. Perspectives *41*

I.5. Couche tampon 41

I.6. Techniques de caractérisation des films..44

    I.6.1. Diffraction des rayons X (DRX)..44

    I.6.2. Spectroscopie des photoélectrons (XPS) 45

    I.6.3. Microscope électronique à balayage (MEB)...46

    I.6.4. Spectrophotométrie UV/Vis/NIR..49

    I.6.5. Résistivité par la méthode à quatre pointes..49

CHAPITRE II: ÉTUDE DES COUCHES MINCES DE NiO DÉPOSÉES PAR PVD53

II.1. Introduction...52

II.2. Pulvérisation cathodique magnétron réactive (PVD). 53

    II.2.1. Historique...53

    II.2.2. Mécanisme de la pulvérisation cathodique (PVD). 54

        II.2.2.1. Processus de création du plasma 55

        II.2.2.2. Interaction ions-cible..55

    II.2.3. Dispositif expérimental...57

II.3. Elaboration des films d'oxyde de nickel (NiOx) en pulvérisation DC. 59

    II.3.1. Conditions expérimentales...59

    II.3.2. Variation de la tension de décharge en fonction du pourcentage d'oxygène 59

    II.3.3. Influence du courant de décharge et de la pression. 63

    II.3.4. Caractérisation des films par diffraction des rayons X (DRX)..................64

    II.3.5. Etude de la morphologie en surface et section des films par microscopie électronique à balayage (MEB) 66

    II.3.6. Analyse de la composition chimique des films minces de NiO par XPS.............72

    II.3.7. Etudes optiques 76

    II.3.8. Propriétés électriques 79

II.4. Effet du recuit sur les propriétés des films de NiOx 80

    II.4.1. Méthode de recuit...80

    II.4.2. Variations de la morphologie des films 81

II.4.2.1. Analyse DRX *81*

II.4.2.2. Observation de la variation de la morphologie par MEB *85*

II.4.3. Effet du recuit sur la transmission optique. *86*

II.4.4. Effet du recuit sur la résistivité des films de NiOx *88*

II.5. Elaboration des films d'oxyde de nickel (NiOx) par HiPIMS **89**

II.5.1. Avantages de l'HiPIMS *89*

II.5.2. Paramètres de l'alimentation HiPIMS et de dépôts. *90*

II.5.3. Vitesse de dépôt *91*

II.5.4. Etude de la morphologie des films par DRX *93*

II.5.5. Etude de la morphologie des films par MEB. *95*

II.5.6. Etude de la composition chimique par EDX. *97*

II.5.7. Transmission optique des films déposés par HiPIMS *98*

II.5.8. Résistivité des films déposés par HiPIMS *99*

II.6. Conclusion. **100**

CHAPITRE III: APPLICATION DES COUCHES MINCES TAMPON DE NiO DANS UNE CELLULE PHOTOVOLTAÏQUE ORGANIQUE **101**

III.1.   Introduction **103**

III.2.   Réalisation de la couche tampon anodique (ABL) de NiO par PVD **104**

III.2.1. Préparation des couches tampons de NiO sur le substrat ITO *104*

III.2.2. Analyse des caractéristiques des couches tampon de NiO. *105*

III.3.   Elaboration des cellules photovoltaïques **114**

III.3.1. Structure et rendement de la cellule photovoltaïque avec une couche tampon cathodique uniquement. *114*

III.3.2. Caractéristique d'une cellule PVO en utilisant la couche tampon anodique de NiO (ABL). *116*

III.3.2.1. Influence des conditions de dépôt du NiO. *123*

III.3.2.2. Effet du recuit de la structure ITO/NiO. *132*

III.3.3. Optimisation des conditions de dépôt en DC pour améliorer les caractéristiques de la cellule PVO. *134*

III.4. Comparaison des durées de la vie de différente structure PVO. 136

III.5. Conclusion. 138

CHAPITRE IV: ÉLABORATION DE STRUCTURES OXYDE/METAL/OXYDE: $MoO_3/Ag/MoO_3$ 139

IV.1. Introduction 140

IV.2. Déposition de l'électrode transparente par évaporation thermique. 141

IV.2.1. Optimisation des paramètres de dépôt *141*

IV.2.2. Optimissation des couches MAM *143*

IV.2.3. Etude de stabilité des propriétés optique et electrique dans l'air ambiant. *147*

IV.3. Résultats de la simulation numérique. 151

IV.4. Conclusion 155

CONCLUSION GÉNÉRALE *167*

LISTE DES FIGURES

Figure I. 1 : Bilan énergétique global du rayonnement solaire 20

Figure I. 2: a. Spectre de rayonnement solaire 22

Figure I. 3 : Schéma de principe d'une cellule photovoltaïque organique 27

Figure I. 4 : Structure monojonction [97] 30

Figure I. 5 : Structure hétérojonction avant contact [152] 31

Figure I. 6 : Structure de différentes cellules solaires organiques [123]. 32

Figure I. 7 : Structure tandem [65] 33

Figure I. 8 : Structure tandem à base de P3HT /PCPDTBT [65] 33

Figure I. 9 : Structure tandem à base de PCDTBT:70PCBM et PDPP5T:60PCBM [50] 34

Figure I. 10 : Circuit électrique équivalent d'une cellule PV 35

Figure I. 11 : Caractéristique d'une cellule solaire 37

Figure I. 12 : Illustration de la poire de diffusion 47

Figure I. 13 : Schéma d'un MEB 47

Figure I. 14 : Microscope Electronique à Balayage JEOL 7600F 48

Figure I. 15 : Schéma d'une mesure par la technique des quatre pointes. 49

Figure II. 1 : Représentation schématique du procédé magnétron 55

Figure II. 2 : Interactions entre des ions incidents et la cible : 56

Figure II. 3 : Schéma du dispositif expérimental 58

Figure II. 4 : Variation de la tension de décharge, à courant constant de 110 mA, en fonction du pourcentage d'oxygène. 60

Figure II. 5 : Influence pourcentage d'oxygène sur la composition chimique des films. 62

Figure II. 6 : Tension de décharge en fonction de pourcentage d'oxygène $f_V(\%O_2)$: 64

Figure II. 7 : Diagramme DRX des films de 250nm. 65

Figure II. 9: Images MEB de la surface et de la section des films déposés sur le substrat ITO à 110 mA et : 68

Figure II. 10: Images MEB de la surface et de la section des films déposés sur substrat ITO de différente pression d'Ar : 69

Figure II. 11 : Principales caractéristiques des structures zones de utilisées 70

Figure II. 12 : Spectre de NiO poly-cristallin à 80 mA et 7,4%O_2 72

Figure II. 13 : Décomposition des spectres XPS de NiO déposé à 7,4% d'oxygène : 73

Figure II. 14 : Décomposition du spectre d'O1s (a) et de Ni2p (b) par M.C. Biesinger et al. 74

Figure II. 15 : Transmission optique des films dans l'UV-Visible et proche infrarouge : 76

Figure II. 16 : Bande interdite des couches NiOx déposées à 110 mA et en fonction du pourcentage d'oxygène 78

Figure II. 17 : Schéma du recuit des films sous oxygène. 80

Figure II. 18 : Evolution de la cristallisation du NiO en fonction de la température. 81

Figure II. 19: Evolution de la distance entre plans : a. (111) ; b. (200) 82

Figure II. 20 : Facteur de Lotgering (f_L) des échantillons à 10,7% ; 15,3% et 19,4% O_2 en fonction de la température de recuit sous oxygène : 83

Figure II. 21 : Evolution de la taille des cristallites en fonction de la température : 84

Figure II. 22 : Image MEB de la surface du film (recuit sous oxygène). 85

Figure II. 23 : Transmission optique des films en fonction de la température de recuit sous oxygène (10 minutes) des échantillons : 87

Figure II. 24 : Evolution type du courant et de la tension en HiPIMS avec une cible de Cr. 89

Figure II. 24 : Vitesse de dépôt en fonction de la largeur d'impulsion 92

Figure II. 25 : Evolution d'intensité de la densité des espèces Ar, Ti, et Ti^+ [73] 92

Figure II. 28 : Diagramme DRX des films NiOx en fonction de la largeur de pulse dépôt sur substrat ITO (a), (b) et substrat verre (c). 93

Figure II. 29 : Variation du facteur de Lotgering en fonction de la largeur de pulse et du substrat. 94

Figure II. 30 : a. Taille des cristallites et b. Paramètre de maille des films 94

Figure II. 31 : Image MEB des films NiO en fonction de la largeur de pulse : 96

Figure II. 32 : a. Diagramme EDX, b. Rapport atomique d'O/Ni du film NiO. 97

Figure II. 33 : Transmittance optique des films NiOx en fonction de la largeur de pulse : 98

Figure II. 34 : Evolution de la résistivité des films NiOx en fonction de la largeur de pulse. 99

Figure III. 1 : Rugosité de la surface 1x1 µm du substrat de chez SOLEMS mesurée par AFM .. 104

Figure III. 3 : Transmittance optique de la couche tampon NiO en fonction de : 106

Figure III. 4 : Niveau de Fermi (E_F) déterminé par XPS de film de NiO déposés à 80 mA et une pression partielle d'oxygène: 108

Figure III. 5 : Images AFM des films NiO déposés dans les conditions : 110

Figure III. 6: Images MEB et BEI des films NiO déposés dans les conditions suivantes: 111

Figure III. 7: Distribution de Ni et O sur la surface des films déposées dans conditions suivantes: 112

Figure III. 8 : Structure PVO à le base de CuPc/C60 114

Figure III. 9: Courbe J-V de la cellule PVO de Verre/ITO/CuPc/C60/Alq$_3$/Al en fonction de l'épaisseur de couche CuPc/C$_{60}$ 115

Figure III. 10: Structure PVO complète Verre/ITO/NiO/CuPc/C$_{60}$/Alq$_3$/Al/Se 117

Figure III. 11. Energie bande de valence d'ITO 119

Figure III. 12. Exemple de spectres XPS d'hétéro-structures 120

Figure III. 13 : Schéma de la bande d'énergie à l'interface NiO/ITO. 122

Figure III. 14: Les caractéristiques J-V d'une cellule avec une ABL de NiO déposée dans les conditions suivantes: 125

Figure III. 15: Caractéristique J-V d'une cellule avec une ABL de NiO déposée dans les conditions suivantes: 125

Figure III. 16: Caractéristique J-V d'une cellule avec une ABL de NiO déposée dans les conditions suivantes: 126

Figure III. 17: Caractéristiques J-V d'une cellule avec une ABL de NiO déposée dans les conditions suivantes: 127

Figure III. 18: Caractéristiques J-V d'une cellule avec une ABL de NiO déposée dans les conditions suivantes: 129

Figure III. 19: Caractéristiques JV d'une cellule avec une ABL de NiO déposée dans les conditions suivantes: 130

Figure III. 20 : Caractéristiques J-V d'une cellule avec une ABL de NiO déposée dans les conditions suivantes: 130

Figure III. 21 : Caractéristiques de J-V en fonction de la température de recuit avec une ABL de NiO déposée dans les conditions : 132

Figure III. 22: Caractéristiques de J-V en fonction de la température de recuit avec une ABL de NiO déposée dans les conditions : 133

Figure III. 23: Caractéristiques J-V sous éclairement AM1.5 en fonction de l'épaisseur de NiO déposée à 80 mA et de : 134

Figure III. 24: Caractéristiques J-V sous éclairement AM1.5 en fonction de l'épaisseur de NiO déposée à 80 mA, de 20 nm d'épaisseur et: 135

Figure III. 25: Variation les paramètres d'une cellule PVO par différentes structures : 136

Figure IV. 1 : Structure multicouche Verre/MoO_3/Ag/MoO_3 (MAM) 141

Figure IV. 2 : Images MEB de la morphologie de surface de la structure Verre/MoO_3/Ag, avec Ag déposé aux vitesses suivants : a. 0,10 nm/s, b. 0,15 nm/s, c. 0,20 nm/s. d. 0,25 nm/s. 142

Figure IV.3 : Spectres de transmission des structures x comprises de 1 nm à 50 nm de : 143

Figure IV. 4 : Transmittance moyenne (350nm à 800 nm) en fonction de l'épaisseur de couche MoO_3 inferieure (vert) et supérieure (rouge). 144

Figure IV. 5 : Variation de la conductivité en fonction de l'épaisseur et du temps 145

Figure IV. 6 : Diagrammes schématiques des niveaux d'énergie de Ag et MoO3 avant (a) et après (b) le contact. 146

Figure IV. 7 : Spectres de transmission des structures Verre/MoO_3 (20 nm) /Ag (xnm) /MoO_3 (35nm) avec x variant de 5,5 nm à 17,7 nm. 147

Figure IV. 8 : Transmission moyenne (350 nm à 800 nm) des structures verre/MoO_3 (20 nm) / Ag (x nm) / MoO_3 (35 nm), avec x compris entre 10 nm et 17 nm, en fonction de la durée de stockage à l'air. 148

Figure IV. 9 : Réflectance (a) et transmission optique (b) en fonction de la longueur d'onde pour les quatre structures suivantes: 149

Figure IV. 10 : Profil de concentration XPS d'une structure verre/MoO$_3$ (20 nm)/Ag(10 nm)/MoO$_3$(35 nm). 150

Figure IV. 11 : Schéma de la structure Verre/MoO$_3$/Ag/MoO$_3$ utilisé pour les calculs FDTD..... 151

Figure IV. 12 : MoO$_3$ avec la partie réelle "n" et la partie imaginaire "k" mesurées par ellipsométrie. 152

Figure IV. 13 : Comparaison des spectres de transmittance mesurées et calculées de la structure Verre/MoO$_3$(20nm)/Ag(10nm)/MoO$_3$(35 nm). 152

Figure IV. 14 : Spectres de transmission calculé des structures Verre/MoO3 (20 nm)/Ag (10 nm)/MoO$_3$ (X nm) avec x variant de 0 nm à 35 nm. 153

Figure IV. 15 : Spectres calculées a. réflectance, b. absorption des structures Verre/MoO3(x nm)/Ag(10 nm)/MoO3(35 nm) avec x variant de 10 nm à 50 nm. 154

LISTE DES TABLEAUX

Tableau II- 1 : Décomposition des spectres XPS de films minces de NiOx 30

Tableau II- 2 : Bande interdite des couches NiOx (Figure II. 15) 79

Tableau II- 3 : Résistivité des films de NiOx en fonction du pourcentage d'oxygène 79

Tableau II- 4 : Bande interdite des échantillons recuits sous oxygène 87

Tableau II- 5 : Résistivité des échantillons recuits sous oxygène. 88

Tableau II- 6 : Paramètres principaux de l'alimentation HiP3 91

Tableau II- 7 : Paramètres expérimentaux 91

Tableau II- 8 : Evolution du gap optique du film NiOx 99

Tableau III- 1 : Transmission optique de la couche tampon NiO dans le visible de 380-780 nm. 106

Tableau III- 2 : Bande interdite des couches tampons NiO 107

Tableau III- 3 : Paramètre de la cellule PVO Verre/ITO/CuPc/C_{60}/Alq3/Al en fonction de l'épaisseur de la couche CuPc/C_{60} 116

Tableau III- 4 : Energies de liaison et de bande interdite de NiO type n 121

Tableau III- 5 : Energies de liaison et de bande interdite de NiO type p 122

Tableau III- 6 : Processus de formation sous éclairement des cellules PVO avec un film mince NiO, de 4 nm d'épaisseur, les cellules PVO sont soumises à une exposition continue à la lumière. 126

Tableau III- 7 : Les différents cycles ont été mesurés après réalisation la cellule PVO, et éclairement sous AM1.5 de 10 minutes et de 90 minutes (Figure III. 16). 127

Tableau III- 8: Paramètres de la cellule PVO avec une ABL de NiO type p Ni en excès 129

Tableau III- 9: Paramètres de la cellule PVO avec une ABL de NiO type p et type n de même épaisseur 20nm. 131

Tableau III- 10: Paramètres des cellules PVO recuites sous oxygène (Figure III. 20) 132

Tableau III- 11 : Paramètres des cellules PVO recuites sous oxygène (Figure III. 21)................133

Tableau III- 12 : Paramètres des cellules PVO avec une ABL en fonction de l'épaisseur de NiO134

Tableau III- 13: Paramètres des cellules PVO avec une ABL de NiO en fonction de la pression partielle d'O_2 et d'Ar. 135

INTRODUCTION GÉNÉRALE

L'énergie électrique fut découverte à la fin du XVIIIème siècle (1799 Volta) et est en constante évolution à ce jour. Cette énergie particulièrement flexible, tient aujourd'hui un rôle déterminant dans notre vie quotidienne. Elle contribue aux enjeux de développement économique et social. En outre, elle occupe une place centrale au niveau de la sécurité énergétique mondiale. L'énergie électrique est une énergie facile à fabriquer à partir d'autres sources d'énergie comme le charbon, le pétrole, le vent, la géothermie, les réactions nucléaires... Aujourd'hui, l'énergie électrique produite dans le monde l'est sur la base des énergies traditionnelles à 87%. Cependant, l'épuisement des ressources naturelles dans les prochaines décennies, l'impact négatif sur l'environnement comme l'effet de serre et les tremblements de terre, la contamination radioactive...font qu'il est urgent de trouver des solutions alternatives.

La production d'énergies durables et renouvelables apparaît comme une étape inévitable. Au cours de ces dernières années, l'énergie éolienne, l'énergie solaire, l'énergie géothermique, l'énergie des vagues, la bioénergie ont attiré l'attention de nombreux chercheurs. En particulier, la conversion de l'énergie solaire en énergie électrique par les cellules photovoltaïques (ou cellule solaire). Les cellules photovoltaïques sont apparues au début du XXe siècle, aujourd'hui leur utilisation est très répandue dans de nombreux pays. Fin 2012, à l'échelle mondiale, de nouvelles installations photovoltaïques d'environ 64000 MW ont été construites. Les cellules à base de Silicium cristallin (c-Si) constituent la technologie la plus répandue et mature et représentent environ 80% du marché. Les modules photovoltaïques commercialement disponibles au silicium convertissent 12 à 19% de la lumière du soleil incident en électricité et peuvent durer plus de 20-25 ans. De plus, un record de 40,8% de rendement a été atteint par le Laboratoire National sur les énergies renouvelables de Golden au Colorado et faisait suite à celui de Boing-spectrolab qui était de 40,7%. Les nouvelles cellules sont composées de plusieurs couches de matériaux semi-conducteurs : arséniure de gallium dopés avec de l'indium ; phosphore... Leur avantage est d'exploiter une plus grande gamme de longueurs d'ondes du rayonnement solaire. Avec la tendance du développement des énergies nouvelles et renouvelables en général et en particulier le photovoltaïque, les cellules photovoltaïques organiques (PVO) sont nées dans les années 70s et en croissance constante à ce jour. Les développements sur la base de nouvelles structures telles que les cellules structurées homojonction, hétérojonction et structure tandem ont permis une augmentation de leurs performances de manière significative : de 0,0001% (1974) à 12% (fin d'année 2012). Le PVO cumule des avantages tels que le bas coût de production, la facilité de conception, la légèreté, la flexibilité et la diversité des composants.

Dans le cadre de cette thèse, nous avons orienté nos recherches sur « l'optimisation d'un oxyde comme couche tampon à l'interface électrode/semi-conducteur organique dans une cellule photovoltaïque ». Le document est divisé en 4 parties de la manière suivante :

Chapitre I : nous donnons un aperçu général du rayonnement solaire sur le terre, la structure et les principes du photovoltaïque, l'histoire et les progrès du photovoltaïque organique ainsi que ses limites. Le chapitre se termine par une présentation des techniques d'analyse utilisées au cours de ce travail.

Chapitre II : nous décrivons la fabrication des films minces d'oxyde de nickel par pulvérisation cathodique magnétron réactive. Dans la première partie, les films minces d'oxyde de nickel ont été déposés en courant continu (DC : Direct Current) et on a étudié l'influence des paramètres du procédé sur les propriétés des films minces : structure cristallographique, croissance, microstructure, composition chimique, propriétés optiques, configuration des bandes de valence et conduction. La deuxième partie du chapitre porte sur l'effet de la température de recuit sous atmosphère d'oxygène. Enfin, dans la troisième partie du chapitre, les films minces d'oxyde de nickel ont été réalisés par pulvérisation magnétron cathodique pulsé à haute puissance (High Power Impulse Magnetron Sputtering - HIPIMS). On a étudié leurs propriétés et nous avons comparé les résultats avec les dépôts réalisés en DC.

Chapitre III, nous étudions tout d'abord quelques caractéristiques telles que les propriétés optiques, électriques et la rugosité des couches minces de NiO déposées par PVD en DC et HiPIMS. Ensuite, nous réalisons des cellules avec le NiO comme couche tampon entre l'interface ITO/Organique sur la base des couches organiques $CuPc/C_{60}$. L'application d'une couche mince de NiO permet une bonne adaptation des structures de bandes, bloque les électrons et évite un courant de fuite de l'organique à anode ITO grâce à certaines propriétés comme une large bande interdite, une transmission de 90 % dans la gamme visible pour une épaisseur de quelques dizaines de nanomètres. Nous verrons son influence sur le rendement et la durée de vie des cellules PVO.

Chapitre IV : nous avons étudié une structure oxyde/metal/oxyde, $MoO_3/Ag/MoO_3$ (MAM), avec une couche d'argent prise en sandwich entre deux couches d'oxyde de molybdène. La combinaison de la transmission élevée de l'oxyde de métal de transition et la haute conductivité du métal semble être une approche très prometteuse. Dans cette partie, l'effet de l'épaisseur de la couche d'Ag et de MoO_3 sur les propriétés optiques et électriques des structures multicouches $MoO_3/Ag/MoO_3$ est étudié. Ces résultats sont confrontés à ceux déduits de la modélisation à l'aide d'un logiciel basé sur une méthode des accroissements finis dans le domaine temporel (FDTD). L'influence de la vitesse de dépôt d'Ag sur les propriétés des structures est également étudiée.

Enfin nous terminerons par une conclusion générale rappelant les résultats marquants de cette thèse.

CHAPITRE I

ÉNERGIE SOLAIRE ET DES CELLULES PHOTOVOLTAÏQUE ORGANIQUE

I.1. Introduction

L'énergie solaire est l'énergie renouvelable par excellence. En raison de l'épuisement prévisible des ressources d'énergies fossiles et des problèmes croissants liés à la dégradation de l'environnement, une alternative possible réside dans la l'utilisation de systèmes photovoltaïque qui convertissent l'énergie solaire en énergie électrique. La démarche consistant à les concevoir à partir de composés organiques est prometteuse, en raison des avantages liés à cette technologie tels que : facilité de conception, légèreté, flexibilité, diversité des composants et coût faible comparé aux dispositifs à base de silicium.

En 1974, H. Meier a été un des premiers à combiner un transporteur d'électron comme la Rhodamine ou triphénylméthane avec un transporteur de trous comme les phthanocyanines ou merocyanines pour fabriquer une structure bicouche [96].

En 1975, Tang et Albrecht ont obtenu un rendement de 0,01% pour la cellule Cr/Chl-a/Hg, sous illumination monochromatique à 745 nm [145]. Il a aussi obtenu un rendement de 1% avec une cellule dont la structure était la suivante : verre/In2O3/CuPc/Pérylène/Ag en 1986 [144].

Le début des années 90, le groupe de Friend à Cambridge démontre la possibilité de réaliser des diodes électroluminescentes à base de poly-para-(phénylènevinylène) (PPV). L'essor de cette activité de recherche s'accompagne d'une intensification des travaux portant sur la réalisation de transistors à effet de champ organiques.

En 1992, le groupe de Heeger a démontré l'existence d'un transfert d'électrons photo-induit ultra rapide et ultra efficace entre le PPV et le fullerène C_{60}. Ce résultat fondamental s'est peu après traduit par l'élaboration d'un premier prototype de cellule photovoltaïque d'un nouveau genre permettant d'atteindre un rendement de conversion de l'ordre de 1%, ce qui représentait un progrès considérable par rapport aux performances atteintes jusque-là par des cellules photovoltaïques dérivées de semi-conducteurs organiques.

Aujourd'hui, les recherches restent encore au stade du laboratoire du fait des rendements de conversion encore modestes de l'ordre de 12% [62]. Afin d'améliorer les performances photovoltaïques des cellules solaires, plusieurs travaux ont été entrepris. Ainsi, une grande variété de matériaux organiques (petites molécules, polymères conjugués, colorants...) ou de mélanges organiques/inorganiques favorisant la création des charges, le transport et la collecte, ont été testés comme composants de telles cellules. D'autres investigations ont été faites qui consistent en développement de nouvelles architectures de cellules.

Dans le cadre de cette thèse, nous nous sommes intéressés à l'utilisation de couches d'oxydes originales comme couche tampon entre l'anode et le matériau organique donneur d'électrons. La partie active des cellules sera constituée de molécules organiques déposées par sublimation sous vide, le matériau donneur d'électron sera la phthalocyanine de cuivre (CuPc) et l'accepteur le fullerène (C_{60}). L'architecture choisie pour la réalisation de nos cellules photovoltaïques sera de type hétérojonctions planes. Entre la cathode et le matériau organique accepteur d'électrons une troisième couche organique, dite « bloqueuse d'excitons » sera introduite, dans notre cas il s'agira de l'aluminium tris 8-hydroxyquinoline (Alq_3) ou de la bathocuproine BCP.

I.2. Rayonnement solaire et conversion d'énergie

I.2.1. Le rayonnement solaire

Le rayonnement émis par le soleil est constitué d'ondes électromagnétiques dont une partie parvient constamment à la limite supérieure de l'atmosphère terrestre. En raison de la température superficielle du soleil (environ 5800 K), ce rayonnement électromagnétique se situe dans la gamme de longueur d'onde de la lumière visible (entre 0,38 et 0,78 µm environ) et dans le proche infrarouge (au-delà de 0,8 et jusqu'à 4 µm environ). L'énergie véhiculée par ce rayonnement, moyennée sur une année et sur l'ensemble de la limite supérieure de l'atmosphère, correspond à un éclairement de 343 $W.m^{-2}$ (Figure I. 1 [124]). Un bilan énergétique montre que, sur cette quantité d'éclairement qu'apporte le soleil au système terre + atmosphère est 103 $W.m^{-2}$ sont réfléchis vers l'espace ; seul le reste est absorbé, pour un tiers par l'atmosphère et pour les deux tiers par la surface de la terre.

Lorsque le rayonnement solaire se propage dans l'atmosphère, il interagit avec les constituants gazeux de celle-ci et avec toutes les particules présentes en suspension (aérosols, gouttelettes d'eau et cristaux de glace). Les particules dont on parle ici ont des dimensions variant du centième de µm à quelques centaines de µm.

CHAPITRE I : ÉNERGIE SOLAIRE ET CELLULE PHOTOVOLTAÏQUE ORGANIQUE

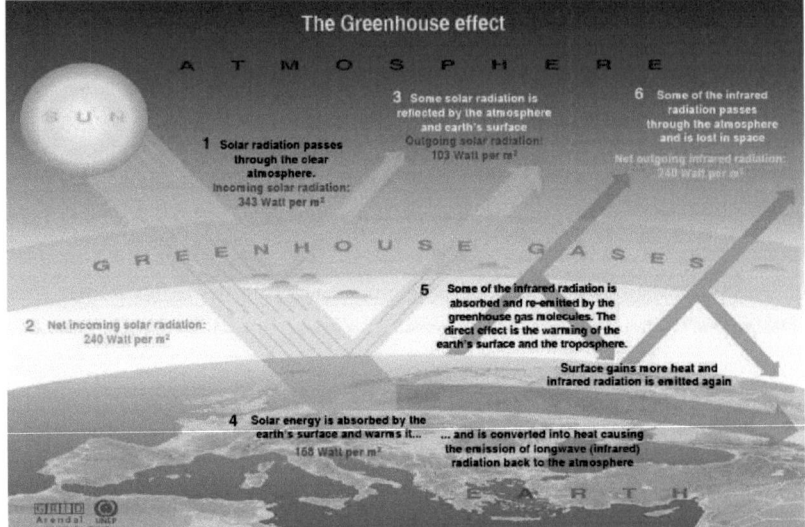

Figure I. 1 : Bilan énergétique global du rayonnement solaire transmis à la terre (IPCC-2005) [97].

Le rayonnement solaire peut être réfléchi, diffusé ou absorbé :

- **Réfléchi par la surface terrestre**, c'est-à-dire renvoyé dans une direction privilégiée (réflexion dite spéculaire) ou de manière diffuse. Le sol réfléchit plutôt le rayonnement de manière diffuse et anisotrope

- **Diffusé**, le phénomène de diffusion se produit dans un milieu contenant de fines particules ou des molécules et dépend fortement de la taille des particules considérées. Les molécules diffusent la lumière dans toutes les directions ; cependant, deux directions sont privilégiées : la diffusion avant et la diffusion arrière. Pour les particules les plus grosses (cas des gouttelettes de nuages), la diffusion se fait majoritairement en avant.

- **Absorbé par les composants gazeux de l'atmosphère**. Cette absorption est dite sélective, car elle s'opère pour des valeurs de longueur d'onde bien précises. Elle est due essentiellement à la vapeur d'eau, à l'ozone, au dioxyde de carbone et, à un degré moindre, à l'oxygène.

On appelle rayonnement solaire direct celui qui arrive au sol sans avoir subi de diffusion. Le spectre du rayonnement solaire direct reçu à la surface terrestre est présenté sur la figure I-2a. Il s'éloigne de façon notable du rayonnement atteignant la limite supérieure de l'atmosphère, en particulier du fait de l'absorption par les constituants gazeux de l'atmosphère. Dans certaines bandes de longueur d'onde, le rayonnement est atténué ou même annulé. Les principales bandes d'absorption sont dues à l'ozone entre 0,2 et 0,3 µm (dans le domaine ultraviolet), au dioxyde de carbone autour de 2,75 µm et 4,25 µm, mais surtout à la vapeur d'eau dont l'absorption est prépondérante (en particulier autour de 0,9 µm, de 1,1 µm, de 1,4 µm, de 1,9 µm, de 2,4 à 2,9 µm et de 3 à 4 µm) et qui module principalement l'allure du spectre solaire reçu au sol.

D'après Pierre Bessemoulin et Jean Oliviéri [15], le rayonnement solaire incident à la limite de l'atmosphère dans la gamme de longueurs d'onde de 0,25 à 4 µm représente 343 $W.m^{-2}$ dont :

- 77 sont renvoyés vers l'espace après diffusion par les gaz, les aérosols et les nuages de l'atmosphère ;

- 30 sont réfléchis vers l'espace par la surface terrestre ;

- 68 sont absorbés par l'atmosphère (ce chiffre inclut l'absorption par les nuages) ;

- 168 sont absorbés par la surface terrestre, dont 60 % sous forme de rayonnement direct provenant du disque solaire et 40 % sous forme de rayonnement diffus provenant, après diffusion, de la voûte céleste.

I.2.2. Les émissions du Soleil.

L'énergie émise par le Soleil l'est d'abord sous la forme de rayonnements électromagnétiques dont l'ensemble forme le rayonnement solaire, qui constitue la seule source externe notable d'énergie pour l'atmosphère.

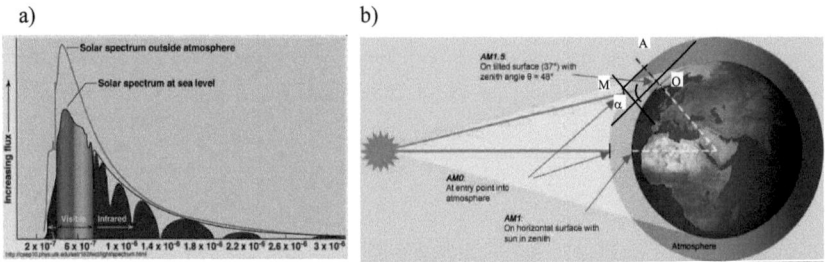

Figure I. 2: a. Spectre de rayonnement solaire
b. Le nombre d'air masse AMx en fonction de la position géographique.

Notre œil perçoit une partie seulement du rayonnement solaire, celle située dans le domaine dit visible, de longueurs d'onde comprises entre 0,38 et 0,78 µm. Le Soleil émet cependant dans une large gamme de longueurs d'onde, allant (dans le sens des petites vers les grandes longueurs d'onde) des rayons gamma (longueurs d'onde inférieures à 10-12 m) aux grandes ondes radioélectriques (de longueur d'onde atteignant 1 000 mètres), en passant par les rayons X, le rayonnement ultraviolet, le rayonnement visible, le rayonnement infrarouge et le rayonnement hyperfréquences.

La plus grande partie de l'énergie solaire est cependant rayonnée dans les domaines ultraviolet, visible et proche infrarouge : 99,2 % de l'énergie solaire hors atmosphère se trouve entre 200 nm et 4 µm. Au sol, par suite de l'absorption du rayonnement solaire par la vapeur d'eau, le spectre est limité vers le haut à 2,5 µm environ (Figure I. 2 a).

Prenant pour référence unité l'épaisseur verticale de l'atmosphère réduite à 7,8 kms et en supposant cette couche plane (terre plate), la longueur du trajet d'un rayon solaire incliné par rapport à l'horizontale d'un angle a est donné par la formule :

$$OM = OA/\sin\alpha \qquad \text{(Équation I- 1)}$$

Si OA = 1 on parle de nombre d'air masse ou masse atmosphérique et on désigne par masse atmosphérique ou nombre d'air masse.

$$M = 1/\sin\alpha \qquad \text{(Équation I- 2)}$$

Par définition, hors de l'atmosphère m=0 (AM=0) à une pression p différente de 1013mbar et à une altitude z exprimée en km on appellera par masse atmosphérique ou nombre d'air-masse :

$$m = \frac{p}{1013} \cdot \frac{1}{\sin\alpha} \cdot e^{(\frac{-z}{7.8})} \qquad \text{(Équation I- 3)}$$

Avec : p = pression atmosphérique et z en kms

Le nombre d'AM utilisé par les constructeurs de modules solaires dans leur spécification technique est de 1,5 ce qui correspond à un angle α de 42° environ. Toutefois, la constante solaire est fonction de l'épaisseur d'atmosphère traversée :

Tableau I- 1

M	0	1	1.5	2
E (W/m^2)	1253	931	834	755

Ce sont les valeurs normalisées mais dans la réalité la valeur de l'éclairement énergétique global dépend des paramètres qui caractérisent les composants de l'atmosphère (humidité, coefficient de diffusion moléculaire).

Pour AM = 1,5 la constante solaire peut varier de 760 W/m^2 dans une atmosphère polluée à 876 W/m^2 pour un ciel très clair.

I.3. Conversion d'énergie : les différentes technologies solaires

Il existe principalement trois façons d'utiliser directement l'énergie solaire : thermodynamique, thermique et photovoltaïque

I.3.1. Solaire à concentration thermodynamique.

Le solaire à concentration thermodynamique est une technologie qui utilise des miroirs qui concentrent l'énergie solaire vers un tube contenant un fluide caloporteur qui chauffe jusqu'à une température pouvant atteindre 500°C. La chaleur obtenue est transférée à un circuit d'eau, la vapeur alors produite actionne une turbine couplée à un alternateur qui produit de l'électricité. L'un des grands avantages de cette technologie provient du fait que la chaleur peut être stockée, permettant ainsi aux centrales solaires de produire de l'électricité pendant la nuit. La centrale ANDASOL 1, à Grenade, a ainsi une autonomie de 7 heures, mais des projets en cours ont comme objectif une autonomie de 20 heures.

Les miroirs qui collectent l'énergie solaire (placés à 3 ou 4 mètres du sol) forment une zone d'ombre sur le sol, cependant il arrive suffisamment de lumière pour cultiver des fruits ou des légumes. Une partie de l'eau douce formée sur place par condensation en sortie de turbine, peut être utilisée pour l'arrosage. Compte tenu de son potentiel énorme, le solaire à concentration se développe aujourd'hui dans plusieurs pays, en particulier dans le sud-ouest des Etats-Unis et en Espagne où de très nombreux projets sont en cours de réalisation. A Sanlúcar La Mayor, près de Séville, la première centrale solaire commerciale d'Europe (PS 10) a été inaugurée en mars 2007. Mais les puissances sont beaucoup plus faibles que celles des centrales nucléaires : 10 à 50 MWe (électrique) contre 800 à 1600 MWe pour une centrale de type EPR.

I.3.2. Solaire thermique

Le solaire thermique consiste à transformer les rayonnements solaires en chaleur, et à la récupérer principalement pour le chauffage de l'eau. Cette source d'énergie renouvelable commence à se développer sous nos latitudes dans les maisons individuelles. Son utilisation se fait principalement pour produire l'eau chaude sanitaire (couplé à une source annexe pour réguler), mais elle peut être utilisée comme complément pour le chauffage de la maison. Différents types de capteurs solaires thermiques existent. Le plus simple consiste à peindre en noir un ballon métallique contenant un fluide caloporteur, de l'eau par exemple. La couche noire absorbe l'énergie solaire et la transmet à l'eau. Les panneaux solaires plus performants reprennent ce principe, mais la surface qui reçoit l'énergie solaire, appelée absorbeur, est enfermée dans une enceinte transparente et hermétique, provoquant un effet de serre et augmentant le rendement de l'ensemble. Ceci permet notamment un fonctionnement en hiver. L'extraction de la chaleur se fait grâce à la circulation du fluide caloporteur dans un conduit recevant l'énergie calorifique.

I.3.3. Solaire Photovoltaïque

La lumière solaire (photons) transmet son énergie aux électrons contenus dans un semi-conducteur (qui constitue une cellule photovoltaïque) capable de convertir le rayonnement solaire en électricité. Les électrons sont alors mis en mouvement, produisant ainsi un courant électrique. Ce type d'énergie solaire sera développé dans les paragraphes suivants.

I.4. Cellules photovoltaïques organiques

Les cellules photovoltaïques transforment l'énergie lumineuse en énergie électrique. Elles constituent de ce fait une source d'énergie renouvelable dont l'utilisation à grande échelle pourrait permettre de diminuer fortement le recours aux énergies fossiles. Cependant, même si cette technologie connaît aujourd'hui un taux de croissance spectaculaire (environ 30% par an), avec une capacité de production supérieure à 27 gigawatts fin 2010 au niveau mondial [31], elle reste marginale. En cause, le coût excessif du kWh photovoltaïque qui, selon la localisation géographique, reste très supérieur pour le consommateur à celui des sources électriques conventionnelles.

En effet, le prix de revient d'un module photovoltaïque est en grande partie déterminé par celui du matériau semi-conducteur (généralement du silicium) au sein duquel a lieu le mécanisme de conversion photovoltaïque. Pour atteindre un rendement de conversion énergétique élevé (de l'ordre de 15%), le silicium doit être chimiquement pur et avoir été dopé par des éléments chimiques particuliers. Ces procédés, lents et gourmands en énergie, contribuent considérablement au coût final du dispositif.

Néanmoins, la découverte dans les années 1970 de matériaux polymères semi-conducteurs a créé l'espoir de pouvoir fabriquer, dans un avenir proche, des cellules photovoltaïques organiques (dites aussi plastiques), mises en œuvre par des techniques de production à très bas coût similaires à celles utilisées pour la fabrication de films plastiques.

Les cellules photovoltaïques organiques ont récemment connu une activité de recherche et développement en forte croissance, permettant de doubler leur rendement de conversion énergétique en moins de 3 ans et de 8,3% en 2010 et 9.8% en 2011 [60] (une valeur comparable au rendement des cellules à base de silicium amorphe) à 12% en 2012 [62]. Les cellules actuellement les plus efficaces utilisent comme matériau actif des films minces (d'une épaisseur d'à peine 100 nm) constitués d'un mélange polymère/fullerène. Le polymère joue le rôle de donneur d'électrons (D) et le fullerène celui d'accepteur d'électrons (A). En mélange, ils forment une hétérojonction en volume composée de domaines de taille nanométrique de types D et A séparés par une interface D/A nano-structurée.

Au final, le développement de ces cellules légères, flexibles, éventuellement semi-transparentes, et dont la production serait bien moins coûteuse et moins polluante que celle des cellules inorganiques, est aujourd'hui l'objet de nombreux travaux de recherche dans le monde.

I.4.1. Principe de fonctionnement

Une cellule photovoltaïque organique est constituée d'au moins une épaisseur de couche active organique à partir de quelques dizaines à quelques centaines de nanomètres en fonction du type de cellules photovoltaïques organiques et des matériaux organiques actifs. La couche active organique est placée entre deux électrodes, dont l'une doit être conductrice transparente afin de permettre l'absorption des photons et la collectes des porteurs de charges.

La conversion de l'énergie solaire en énergie électrique dans les cellules solaires est basée sur l'effet photovoltaïque.

L'effet photovoltaïque a été découvert par Antoine Becquerel et présenté à l'académie des sciences fin 1839 [42]. L'effet photovoltaïque correspond à deux effets ajoutés: la production de charges libres (paires électrons/trous) par absorption de photons, c'est l'effet photoconducteur, et la collecte des porteurs de charges grâce à une jonction (Schottky, p-n, électrolytique...).

Ainsi la production d'énergie électrique à partir de la lumière du soleil consiste en une succession d'événements différents, plus précisément, pour les matériaux organiques, les photons doivent être absorbés par le matériau entraînant la formation d'excitons (pairs électrons/trous liées), ces excitons issus de l'absorption des photons doivent être dissociés (création de paires électrons/trous libres), ensuite ces porteurs libres doivent être collectés par les électrodes.

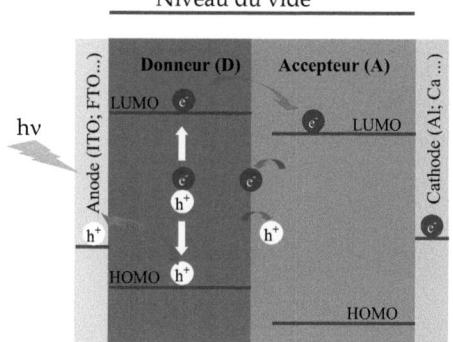

Figure I. 3 : Schéma de principe d'une cellule photovoltaïque organique

Le fonctionnement d'une cellule solaire photovoltaïque est base sur cinq principes généraux :

- *Absorption des photons et création des excitons,*

- *Diffusion des excitons,*

- *Dissociation des excitons,*

- *Collecte des porteurs de charge vers le circuit extérieur.*

A chaque étape de ce processus correspondent des pertes et/ou des limitations dont les origines sont diverses et qui tendent bien sûr à diminuer les rendements de conversation. Dans les parties suivantes nous allons décrire brièvement chacune de ces étapes dans le cas d'une structure à hétérojonction.

⁜ *Absorption des photons et création des excitons,*

Lors du passage de la lumière dans la couche active de la cellule photovoltaïque, un photon peut être absorbé par cette couche pour produire une paire électron-trou nommée exciton. L'absorption de photons dans un semi-conducteur organique se traduit par la transition d'un électron du niveau HOMO (Highest Occupied Molecular Orbital) vers le niveau LUMO (Lowest Unoccupied Molecular Orbital) qui entraîne l'apparition d'un trou (dans la HOMO) qui reste lié à l'électron dans la LUMO par une attraction coulombienne. Ces excitons maintiennent la neutralité de l'ensemble de la molécule. Cela signifie que l'excitation induite par l'absorption de la lumière ne conduit pas directement à la création de porteurs de charges électriques libres. Il ne transporte pas de courant et son déplacement n'est pas fonction du champ électrique.

⁕ Diffusion des excitons

Pour produire du courant dans le cas de cellules solaires, il faudra donc dissocier les excitons créés par l'absorption de la lumière solaire à l'aide d'une jonction. Cette séparation nécessite une énergie supérieure à l'énergie de liaison de la paire électron-trou. Dans les semi-conducteurs organiques, cette énergie de liaison est fonction du matériau et peut varier de 0,1eV à 1,4 eV [55], [93], [44]. De fait, à température ambiante, aucune dissociation thermique n'est envisageable contrairement aux semi-conducteurs inorganiques dont l'énergie de liaison des excitons n'est que de quelques meV. La probabilité de recombinaison dans les matériaux organiques est donc extrêmement importante.

La longueur moyenne de diffusion d'un exciton, avant désexcitation, dans le matériau organique peu ordonné, comme le sont souvent les couches minces, est de l'ordre de 10 nm. Ceci signifie que la distance entre le lieu de création d'un exciton et un site de désexcitation (une interface) ne doit pas dépasser 10 nm (en négligeant la zone dépeuplée qu'il faut ajouter à cette distance). Pour les couches minces organiques plus ordonnées tel que CuPc et C60 la longueur de diffusion est plus grande et de l'ordre de 20nm, 30nm.

⁕ Dissociation des excitons,

Pour produire du courant à partir des semi-conducteurs, il est impératif de dissocier les excitons en électrons et trous avant que la recombinaison de la paire électron-trou n'ait lieu. Après absorption de la lumière il y a formation d'excitons, il faut alors les dissocier. Pour ce faire ceux-ci doivent atteindre un site de dissociation tel qu'une interface donneur/accepteur avant qu'ils ne se désexcitent

La séparation des charges intervient lors de la dissociation de l'exciton au niveau de l'interface semi-conducteur organique/métal ou semi-conducteur organique donneur/accepteur (ou niveau d'impureté). Au niveau d'une interface donneur/accepteur la séparation aura lieu si la différence d'énergie entre leurs niveaux LUMO et HOMO respectifs est suffisante. Le matériau dont l'HOMO et le LUMO sont les plus élevés, en valeur absolue, agira comme un accepteur d'électrons (A) et celui avec les plus petits HOMO et LUMO se comportera comme un donneur d'électrons (DE).

- **Collecte des porteurs de charge vers le circuit extérieur.**

La dernière étape de la conversion photovoltaïque consiste à ramener les charges libres vers les électrodes. Les porteurs de charges ainsi créés doivent ensuite être transportés dans le matériau organique pour être collectés aux électrodes. Le transport des charges libres est affecté par les recombinaisons sur le trajet vers l'électrode.

Le choix des électrodes métalliques et des matériaux organiques influencera fortement les performances de conversion photovoltaïques des cellules. Pour les dispositifs organiques, le travail de sortie des électrodes métalliques doit permettre de former des contacts ohmiques pour collecter les électrons et les trous dans les matériaux accepteurs et donneurs respectivement. Parallèlement, ces contacts doivent être bloquants pour les porteurs de signes opposés (trous et électrons dans les matériaux accepteurs et donneurs respectivement). Une des deux électrodes devra impérativement être transparente pour laisser passer la lumière. Actuellement, l'anode la plus utilisée dans les cellules solaires organiques est l'oxyde d'indium dopé à l'étain ITO (Indium Tin Oxide) dont la largeur de la bande interdite est de 3,7 eV et dont le travail de sortie (E_F-E_0) est compris entre 4,5 et 4,9 eV.

Les principaux paramètres sont les niveaux d'énergie électronique et le spectre d'absorption du semi-conducteur organique, les propriétés électroniques de l'interface D/A, le processus de transport des charges libres et les interfaces entre la couche active et les électrodes. Il est donc nécessaire d'identifier les facteurs limitatifs correspondants et de les comprendre afin de pouvoir optimiser les performances du dispositif.

I.4.2. Architecture d'une cellule solaire organique

Ce paragraphe présente les différentes architectures de cellules développées à ce jour. Ces dernières dépendent essentiellement de la composition de la couche active.

I.4.2.1. Structure homojonction (monocouche)

A l'origine, ce type des cellules a été décrit comme étant de type Schottky, car une couche de matériau organique est prise en sandwich entre deux électrodes (électrode-semiconducteur organique-électrode) (Figure I. 4). C'est la structure la plus simple qui a été utilisée pour les premières familles de cellules solaires par Kearns en 1958 [77] sur une cellule à base de MgPh. En 1975, Tang et Albrecht ont obtenu un rendement de 0,01% pour la cellule Cr/Chl-a/Hg, sous illumination monochromatique à 745 nm [145].

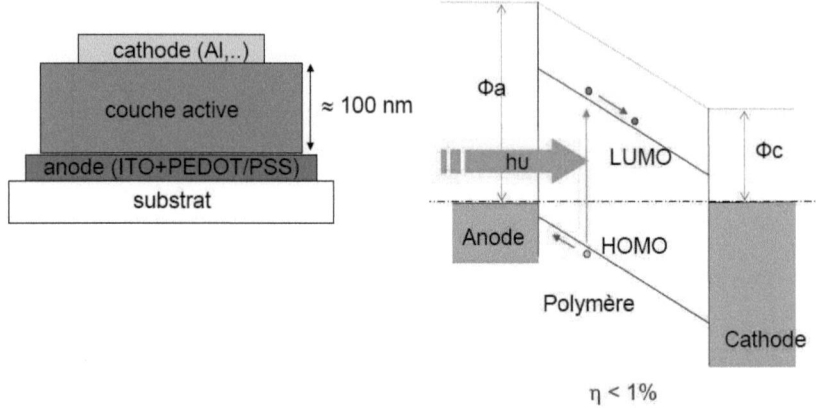

Figure I. 4 : Structure monojonction [97]

Dans des années 80, les études ont été concentrées sur des polymères conjugués. Les premiers polymères mis en œuvre comme couche photo-active sont des polyacétylènes en 1982 [61], des polythiophènes en 1986 [51] et en 1993, Karg et al ont obtenu un rendement de 0,1% environ sous la lumière de poly(p-phynylène vinylène) [75].

I.4.2.2. Structures hétérojonctions D/A (structures bicouches).

Des structures hétérojonctions D/A, également connues sous le nom des structures bicouches, sont composées d'une couche donneuse semi-conductrice d'organique (D-Donneur d'électrons dans le processus) et une couche semi-conductrice organique accepteuse (A-accepteur d'électrons). L'Architecture hétérojonction est introduite dans la Figure I. 5.

Dans le structure hétérojonction, les excitons photo-générés diffusent vers l'interface D/A où ils se dissocient en électrons et trous. Les électrons sont transportés au sein de l'accepteur tandis que les trous se déplacent au travers du matériau donneur afin d'être collectés aux électrodes correspondantes. L'épaisseur de la couche D ou A doit être inférieure à la longueur de diffusion des excitons (LD.) de façon à réduire les pertes par recombinaison. Un des avantages des cellules photovoltaïques organiques avec hétérojonctions par rapport aux cellules de type monocouche est la largeur de la région d'absorption utile. D'autre part, si des semi-conducteurs organiques présentent des spectres d'absorption complémentaires, le processus d'absorption et de transmission se produira à la fois sur la couche D et la couche A des cellules photovoltaïques. Le fait que les charges de signes opposés se meuvent dans des matériaux distincts permettra de réduire les pertes dues à la recombinaison.

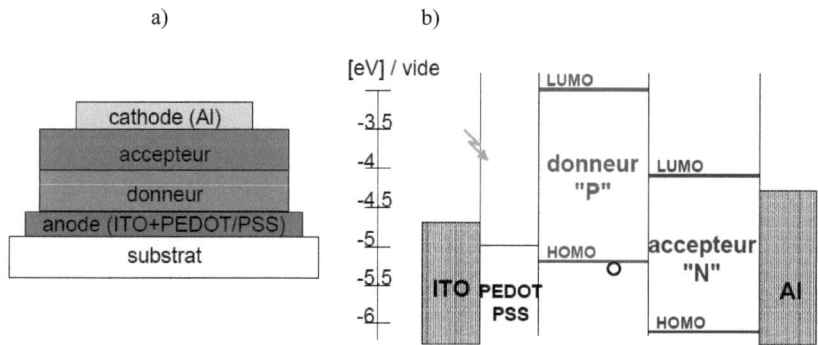

Figure I. 5 : Structure hétérojonction avant contact [152]

Les rendements obtenus avec ce type de cellules dépendent de l'épaisseur des couches, de leur morphologie et bien évidemment de la nature des matériaux utilisés. L'amélioration des performances peut provenir de l'augmentation de la longueur de diffusion des excitons (pour étendre la zone active), de l'amélioration de la mobilité des charges et de l'optimisation des spectres d'absorption.

Dès milieu des années 80, Y. Harima et al. ont utilisé la phtalocyanine de zinc (ZnPc) comme donneur et des dérivés de porphyrine (TPyP) comme accepteur [59] à base des hétérojonctions petites molécules. Avec ces matériaux ils ont obtenu un rendement de 2% sous illumination monochromatique (430 nm) à 100 mW.cm^{-2}.

En 2000, J. Rostalski et D. Meissner ont réalisé une cellule composée de phtalocyanine de zinc (ZnPc) et de N, N'-diméthyl-3,4,9,10-pérylène-bis-carboximide (MPP) dans une structure ITO/MPP (20nm)/ZnPc (220 nm)/Au. Le rendement obtenu est de 0,5 % sous 82 mW.cm^{-2} [126]. Ces auteurs ont également étudié le spectre de photocourant de court-circuit de cette structure. Dans le cas d'illumination du côté ITO, le spectre de photocourant correspond au spectre d'absorption du MPP tandis que dans le cas d'illumination du côté Au, il correspond au spectre d'absorption du ZnPc. Ils ont constaté que le photocourant était généré à proximité de l'interface des couches organiques.

Peumans et Forrest ont obtenu un rendement de 3,6% à partir d'une structure ITO/PEDOT:PSS/CuPc/C60/BCP/Al sous AM1,5 en 2001 [117].

En 1993, N.S. Sariciftci et al ont montré un transfert entre le donneur et l'accepteur d'électron, respectivement le MEH-PPV et le C60 avec le rendement de 0,05% environ à base de polymère [1] et en 2003, la même l'équipe a montré que le rendement de cellules composées d'un mélange interpénétré de P3HT et de PCBM dépasse les rendements des cellules composées d'un dérivé de poly(phénylène-vinylène) et de PCBM [110]. Dès lors l'utilisation du P3HT en tant que polymère conjugué donneur dans les mélanges interpénétrés va se généraliser.

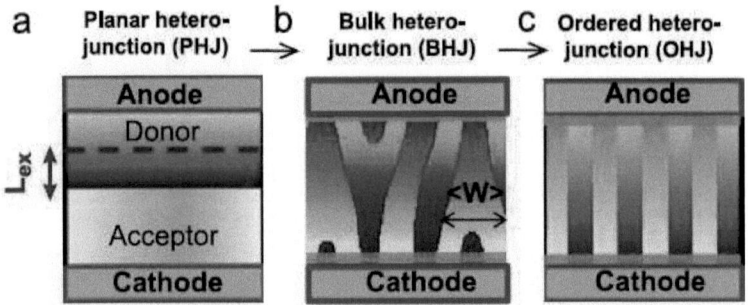

Figure I. 6 : Structure de différentes cellules solaires organiques [123].

a) planaire hétérojonction (PHJ),
b) en vrac à hétérojonction (BHJ),
c) ordonné à hétérojonction (OHJ) de cellule PVO dans l'ordre chronologique du développement.

Aujourd'hui on peut envisager d'atteindre des rendements de 7% pour des monojonctions [44], [5], [56] en modifiant la configuration des cellules. Ainsi, les cellules photovoltaïques organiques formées d'hétérojonction D/A peuvent être séparées en deux groupes: les hétérojonctions planaires (Figure I. 6) et les hétérojonctions en volume désignées parfois par les termes anglais de «blend» ou de «bulk». Ces dernières peuvent s'arranger manières différentes.

I.4.2.3. La structure tandem

L'absorption d'une plus grande partie du spectre solaire est une des conditions sine qua none de l'amélioration des performances des cellules photovoltaïques organiques.

Afin de répondre à ce besoin, de nouvelles structures dites « tandem » ont été étudiées depuis 1990 dans le domaine photovoltaïque organique. Ceci a été développée par Hiramoto et al [65]. Il s'agit d'une structure qui consiste en empilement de deux cellules l'une sur l'autre (Figure I. 7). Ces deux cellules sont mises en série grâce à une couche de recombinaison des porteurs de charges.

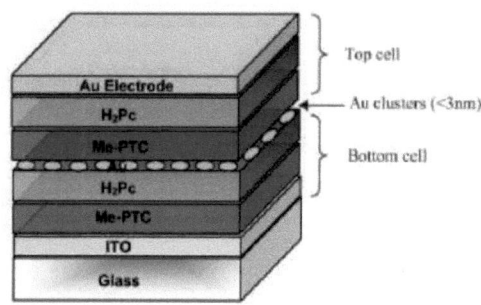

Figure I. 7 : Structure tandem [65]

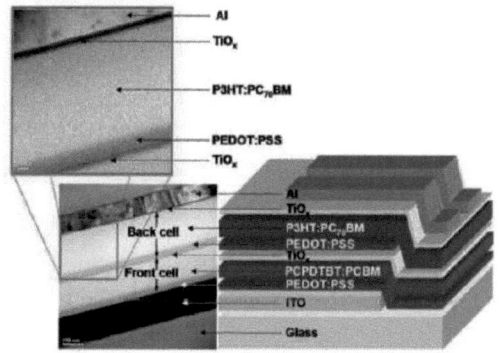

Figure I. 8 : Structure tandem à base de P3HT /PCPDTBT [65]

Cette structure offre l'avantage de pouvoir utiliser deux matériaux dont les bandes interdites (et donc les spectres d'absorption) diffèrent. Le dispositif est donc capable d'absorber la somme des deux spectres d'absorption. Les couches actives peuvent être composées de mélanges polymère/fullerène ou de petites molécules. On peut par ailleurs utiliser différents types de matériaux dans les deux couches, ce qui donne une grande latitude quant à la fabrication de la cellule.

La première des cellules tandem était par exemple composée d'une bicouche jonction composée de 50 nm de H_2Pc (Phthalocyanine) et 70 nm d'un dérivé de perylene tetracarboxylic (Me-PTC) (par voie d'évaporation et d'une couche polymère déposée en voie humide pour la seconde [44]. Par la suite, des cellules tandem utilisant différents matériaux ont atteint jusqu'à des rendements de 6,7% grâce à l'utilisation d'une couche de recombinaison en TiOx et de deux polymères dont les bandes interdites différaient (le PCPDTBT et le P3HT) (Figure I. 8) [15].

Plus récemment, en 2012, Gevaerts, V.S., et al. ont construit la structure "Tandem" par l'application de poly((9-(1-octylnonyl)-9H-carbazole-2,7-diyl)-2,5-thiophenediyl-2,1,3-benzothiadiazole-4,7-diyl-2,5-thiophenediyl) (PCDTBT) et dicétopyrrolopyrrole oligothiophène copolymère (PDPP 5T) et été effectuée sous intensité de l'éclairage représentant (AM1.5G équivalent, fourni par le laser 532 nm). L'auteur a montré que les performances peuvent atteindre jusqu'à 7,1% grâce à la large bande d'absorption caractéristiques PCDTBT et J_{CC} = 8.1 mA/cm^2 ; VCO = 1.47 V ; FF = 0.59. La structure est représentée sur la Figure I. 9.

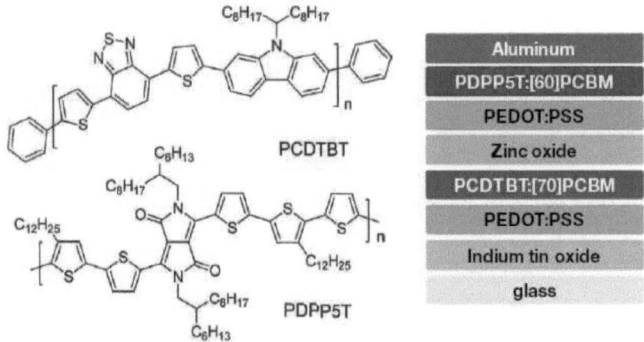

Figure I. 9 : Structure tandem à base de PCDTBT:70PCBM et PDPP5T:60PCBM [50]

En outre, un résultat est considéré comme le plus grand courant de la structure de type tandem réalisés par les entreprises Heliatek atteindre une performance de 9,8% en 2011 [60] et 10,7% en 2012 [63] et maintenant de 12% [62].

I.4.3. Circuit électrique équivalent et les paramètres fondamentaux.

I.4.3.1. Circuit électrique équivalent

Le schéma du circuit électrique équivalent d'un système est fréquemment utilisé afin de décrire son comportement électrique à l'aide de composants électriques (Source, résistance, diode). Nous allons décrire ici par cette méthode une diode PV inorganique ou organique dans l'obscurité et sous illumination.

Une cellule PV classique est modélisée par le circuit équivalant électrique de la Figure I. 10 où :

Rs est une résistance série rend compte de la qualité du contact et la résistance du matériau.

Rp est une résistance parallèle rend compte de l'homogénéité de la structure et les recombinaisons volumiques.

Pour minimiser les pertes, il faut diminuer Rs et augmenter Rp. Le cas idéal est représenté par Rp égale à l'infini et Rs égale à zéro.

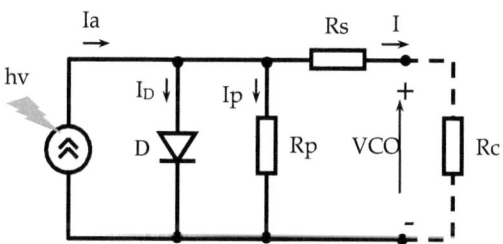

Figure I. 10 : Circuit électrique équivalent d'une cellule PV réelle sous éclairement

Dans l'obscurité, une cellule solaire suit le comportement d'une diode classique. Selon que la tension appliquée est supérieure ou inférieure à une tension seuil, la diode est respectivement passante ou bloquante. Le courant Id dans la diode suit une équation de type Schockley :

$$I_D = I_s(e^{\frac{eV}{nkT}} - 1)$$ (Équation I- 1)

Avec :

Is le courant de saturation sous polarisation inverse, V=V$_{appliquée}$ -V$_{bi}$ (V$_{bi}$ barrière de potentiel interne) et n le facteur d'idéalité (0< n = 1 où 1 est le cas idéal).

Une source de courant a été mise en parallèle à la jonction (diode). Cette source de courant génère le photocourant I_a sous illumination. R_C est la résistance de charge du circuit extérieur. On modélise sous éclairement le courant I du circuit extérieur comme étant la somme d'I_D et d'Iph :

$$I = I_a - I_D - I_p = I_a - I_D(e^{\frac{qV_D}{nkT}} - 1) - \frac{V_D}{R_p}$$ (Équation I- 2)

Avec : $I_p = V_D/R_p$

Nous avons de l'Équation I-5 :

$$I = I_a - I_D(e^{\frac{q(V_{OC} - I.R_S)}{nkT}} - 1) - \frac{V_{OC} - I.R_S}{R_P}$$ (Équation I- 3)

Dans un cas idéal, nous avons Rs ≈0 et R$_P$→ ∞ et, en supposant que Rs<<R$_P$, l'Équation I-3 est simplifiée (l'Équation I-4) et devient celle du circuit équivalent d'une cellule idéale sans pertes :

$$I = I_a - I_D(e^{\frac{qV_{OC}}{nkT}} - 1)$$ (Équation I- 4)

Cependant, dans la pratique, la résistance série et la résistance parallèle sont différentes zéro, cela dépend du degré de « qualité » des cellules photovoltaïques. Lorsque la résistance série à grande valeur et/ou résistance parallèle à faible valeur entraînent un faible facteur de forme et le rendement va donc diminuer (Figure I. 11 b, c).

I.4.3.2. Les paramètres fondamentaux des cellules photovoltaïques.

Le tracé de ces courbes permet de dresser les paramètres physiques caractéristiques du composant. Les premiers paramètres qui apparaissent sur la caractéristique courant-tension d'une cellule photovoltaïque sont la densité de courant de court-circuit (Jcc), la tension à circuit ouvert (Vco) et le facteur de forme (FF) du composant.

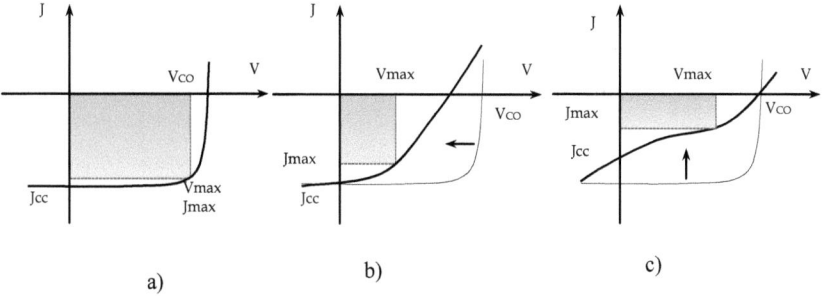

Figure I. 11 : Caractéristique d'une cellule solaire

a) Cellule idéale ; b) Cellule réel Rp faible, V_{Max} et FF diminuent ;
c) Cellule réel Rs élevée J_{Max} et FF diminuent

⁜ Densité de courant de court-circuit Jcc

Il s'agit du courant obtenu avec une différence de potentiels nulle aux bornes de la cellule (V = 0 V). Il s'agit du courant le plus important que l'on puisse obtenir avec une cellule solaire. Il croît avec l'intensité d'illumination et dépend de la surface de la cellule, du spectre d'excitation, de la mobilité des porteurs et de la température.

⁜ Tension de circuit ouvert Vco

La tension à circuit ouvert est obtenue quand le courant qui traverse la cellule est nul. Dans le cas de cellules solaires organiques, la Vco est majoritairement dépendante du niveau de la HOMO du matériau donneur et du niveau de la LUMO du matériau accepteur [21], [86].

⁜ Facteur de forme FF

Le facteur de forme FF est un indicateur de la qualité de la diode et donc lié valeurs des résistances séries et parallèles. Il est déterminé par l'équation suivante :

$$FF = \frac{P_{max}}{J_{CC} \cdot V_{OC}} = \frac{J_{max} \cdot V_{max}}{J_{CC} \cdot V_{OC}} \qquad \text{(Équation I- 5)}$$

Où J_{max} et V_{max} représentent respectivement le courant et la tension du point de fonctionnement qui permet d'extraire le maximum de puissance (P_{max}) de la cellule (Figure I. 11 a). La valeur de FF est la plus grande, la caractéristique J-V ressemble à celle d'une source idéale de courant J_{CC} tant que V < VCO et à une source idéale de tension pour J > Jcc.

Le facteur de forme est lié au nombre de porteurs de charges collectés aux électrodes. En effet, subsiste dans la couche organique la compétition entre le transport des porteurs des charges et leur recombinaison en exciton. Cette compétition est équivalente à la compétition entre le temps de transit des charges dans la couche active 'τr' et leur durée de vie 'τ'. Le produit de la mobilité de porteurs de charges et de leur durée de vie détermine la distance de migration des charges d sous l'effet du champ électrique E. La distance d est donnée par :

$$d = \mu.\tau_r.E \qquad \text{(Équation I- 6)}$$

où : μ mobilité des charges

E champ électrique interne de la cellule.

Pour limiter cette perte et collecter au mieux les charges libres aux électrodes, la mobilité des charges doit être maximale ($\tau_r \ll \tau$) et il faut optimiser l'épaisseur des couches photo-actives sans pour autant diminuer leur absorption.

Il faut noter que la perte des charges libres n'est pas seulement due aux recombinaisons mais aussi à des pièges qu'elles peuvent rencontrer lors de leur transport.

⁜ Rendement de conversion en puissance η

Le rendement de conversion photovoltaïque en puissance η (%) des cellules photovoltaïques se définit comme le rapport entre la puissance maximale délivrée. Il est calculé d'après l'expression suivante :

$$\eta = \frac{P_m}{P_{in}} = \frac{FF.J_{CC}.V_{OC}}{P_{in}} \qquad \text{(Équation I- 7)}$$

P_{in} est la puissance lumineuse incidente.

L'efficacité maximale de conversion d'une cellule n'a de signification que pour une distribution spectrale et une intensité donnée. L'illumination standard la plus communément utilisée correspond au standard AM1.5.

♣ Rendement quantique externe EQE

Le rendement quantique est le rapport entre le nombre d'électrons dans le circuit externe et le nombre de photons incidents, le rendement quantique externe, EQE (External Quantum Efficiency) et se définit comme suit :

$$EQE = \frac{J_{CC}}{P.\lambda} \cdot \frac{hc}{e} = 1.24 \cdot \frac{J_{CC}}{P.\lambda} \qquad \text{(Équation I- 8)}$$

Où :

J_{CC} est la densité de courant de court-circuit,

P éclairement reçu par unité de surface de la cellule (W/ cm2).

c vitesse de la lumière ≈ 3.1014 (μ m/s).

h constante de Planck ≈ 6,626×10-34 (J.s).

λ longueur d'onde monochromatique.

Le rendement quantique dépend du coefficient d'absorption des matériaux utilisés, du potentiel d'ionisation, et de l'efficacité de la collecte. Il est mesuré en fonction de la longueur d'onde émise par une source monochromatique. Un rendement de 100%, dans le cas idéal, correspond à une collecte par les électrodes d'une paire électron-trou par photon incident.

Les grandeurs décrites ci-dessus peuvent être déterminées dans des conditions d'illumination particulières, appelées conditions de test standard (STC- Standard Test Conditions). Ces conditions spécifient une température de 25 °C et un éclairement de 1000 W/m^2 avec une masse d'air 1,5 (AM1.5) spectre [140]. Ceux-ci correspondent à l'éclairement et le spectre de la lumière du soleil de l'incident par temps clair, sur un soleil face inclinée 37 ° surface avec le soleil à un angle de 41,81 ° au-dessus de l'horizon ou un angle de 48° par rapport au zénith (Figure I. 2 b). Cette condition représente environ midi, heure solaire près des équinoxes de printemps et d'automne dans la zone continentale des États-Unis avec la surface de la cellule dirigée directement vers le soleil.

I.4.4. Performances et limites

Les performances photovoltaïques d'une cellule peuvent être estimées à partir du courant électrique produit par la cellule lorsque celle-ci est soumise à une lumière monochromatique, de longueur d'onde variable et d'intensité calibrée. Lors de cette mesure, les électrodes de la cellule sont maintenues au même potentiel électrique (elles sont court-circuitées). On peut en déduire le rendement quantique externe, défini comme le rapport entre le nombre de charges électriques collectées par photon absorbé. Le rendement de conversion énergétique peut quant à lui être déterminé à l'aide d'un simulateur solaire qui permet d'exposer la cellule à une lumière dont l'intensité et la distribution spectrale sont proches de celles du soleil (condition d'illumination AM 1.5).

Pour les applications photovoltaïques, le fort pouvoir absorbant des polymères semi-conducteurs constitue un avantage important par rapport au silicium. Par contre, le seuil d'absorption des polymères (l'énergie minimale que les photons doivent avoir pour être absorbés) est généralement plus élevé que celui du silicium et rend ces polymères transparents pour les grandes longueurs d'onde du spectre visible. La partie correspondante du spectre solaire ne peut donc pas contribuer à la conversion photovoltaïque, ce qui engendre une perte de rendement.

Dans des cellules au Si, l'épaisseur de la couche de silicium est de l'ordre de 200µm, et l'absorption se fait dans tout le visible et le proche IR (jusqu'à 1100nm). Mais le silicium utilisé doit être extrêmement pur pour être efficace, dans la mesure où la conductivité dans ce matériau est régie par un mécanisme de bandes reposant sur l'ordre de position à longue portée (i.e. la périodicité à grande échelle) des atomes de Si. La présence de la moindre impureté perturbant cette périodicité va nuire au transport des charges. C'est pourquoi on doit utiliser du silicium ultra-pur, ce qui augmente sensiblement le coût de fabrication de telles cellules. L'amortissement des cellules solaires au silicium n'est donc pas négligeable : il faut attendre quelques années avant qu'elles ne deviennent véritablement rentables, i.e. qu'elles aient produit au minimum la quantité d'énergie requise à leur fabrication. Ceci n'est pas un problème pour des utilisations de longues durées, mais doit être pris en compte pour des applications demandant de l'énergie bon marché à court terme.

Les pigments et colorants organiques ont en général un spectre d'absorption plus étroit que celui du Si, et couvrent une plage d'environ 200 nm (par exemple 550-750nm pour les phtalocyanines). Par ailleurs ils sont plus absorbants que le Si, de sorte qu'une couche d'épaisseur 50 à 100 nm suffit à absorber la majorité de la lumière incidente de longueur d'onde appropriée. Ceci présente trois avantages :

Tout d'abord, ceci offre une flexibilité quant à la longueur d'onde d'absorption : des cellules semi-transparentes sont envisageables.

Ensuite, cela permet une économie substantielle au niveau du prix de revient. D'une part une cellule solaire plastique nécessite environ 1000 fois moins de matériau absorbant qu'une cellule au Si. D'autre part, le degré de pureté requis du pigment organique est plus faible : avec une faible épaisseur de la couche absorbante, il suffit à l'exciton (ou au porteur de charge) de se déplacer sur quelques centaines de molécules au maximum pour diffuser dans ladite couche sans rencontrer d'impureté. De plus, le transport de charges dans les matériaux plastiques repose sur une propagation discrète, de molécule à molécule : contrairement au mécanisme de bandes conduction dans le Si, aucune périodicité à longue portée n'est requise pour l'organique.

Enfin, grâce à ce faible degré de pureté requis et à la solubilité de ces colorants organiques, les cellules solaires plastiques pourraient être produites par des techniques d'impression couplées à des systèmes à déroulement continu "roll to- roll" applicables à grande échelle.

Un avantage supplémentaire est leur flexibilité mécanique potentielle ainsi les cellules pourront être constituées intégralement d'éléments plastiques (y compris les électrodes, ce qui reste actuellement un défi), des dispositifs photovoltaïques enroulables, pliables et pourquoi pas intégrés à des textiles, deviennent envisageables.

I.4.5. Perspectives

Beaucoup de points restent à améliorer avant que les cellules photovoltaïques organiques puissent donner lieu à une réelle rupture technologique. Le développement de nouveaux polymères donneurs d'électrons, présentant une bande d'absorption plus large tout en ayant des propriétés physico-chimiques (solubilité, morphologie ...) et électroniques (mobilité des charges) appropriées, est un objectif essentiel.

De plus, la stabilité chimique et structurelle de la cellule doit être assurée. Cet aspect doit également être optimisée car, aujourd'hui, la durée de vie des meilleures cellules est de l'ordre de quelques milliers d'heures si elles sont encapsulées efficacement pour éviter tout contact avec l'humidité et l'oxygène.

I.5. Couche tampon

Le transport des porteurs de charge à l'interface entre l'organique et l'électrode est difficile. Afin d'améliorer, une solution couramment utilisée consiste à introduire une fine couche, appelée couche tampon, qui a plusieurs fonctions. Parmi celles-ci, elle adapte la structure de bande au niveau de l'interface électrode/matériau électronique [67], elle protège la matière organique de la diffusion de l'électrode, et empêche la pénétration des molécules d'oxygène et d'eau.

La couche tampon généralement est sélective, elle bloque un type de porteur et facilite le passage de l'autre type. Pour ce qui concerne le contact avec l'anode, la plupart des études publiées se référant à l'interface entre l'ITO et l'organique. Ainsi une fine couche de poly(éthylène dioxythiophène) dopé avec de l'acide sulfurique polystyrène (PEDOT: PSS) a été souvent utilisée pour améliorer le transport des charges. Le PEDOT: PSS est une bonne couche de transport de trous (CTT), elle est déposée par couchage rotatif sur l'ITO. Le principal inconvénient est sa dégradation sous éclairage UV. En outre, en raison de la nature hautement hygroscopique de PEDOT: PSS [31], il introduit de l'eau dans les films organiques. Le traitement thermique après le dépôt (recuit) dans l'air est généralement insuffisant en raison de l'absorption rapide de l'eau. Par exemple, la conductivité du PEDOT: PSS est réduite d'environ un ordre de grandeur mesurée dans l'air. Par conséquent, il n'est pas pratique d'utiliser PEDOT: PSS à l'ambiante mais seulement dans une atmosphère inerte. D'autres auteurs, ont utilisés couramment des couches tampons Au, MoO_3 [63], WO_3 [55], V_2O_5 [93], NiOx [44] jugées essentielles pour les performances du dispositif, permettant une extraction efficace des trous en réduisant la résistance d'interface en raison de l'alignement des niveaux d'énergie. L'introduction de la couche tampon entre CuPc et ITO améliore grandement les performances du dispositif [63].

L'interface entre l'organique et l'électrode métallique a également été étudiée. La collecte d'électrons par l'intermédiaire d'un contact direct entre la couche accepteur d'électrons (C_{60}) et la cathode de métal n'est pas efficace. La mise en place d'une couche de transport d'électrons (CTE) entre les matières organiques et le métal est essentielle pour une collection d'électrons efficace. La CTE agit comme une couche tampon, la protection contre les dommages provoqués à la couche organique par le dépôt de métal. L'épaisseur de la couche tampon affecte fortement la performance de la cellule et nécessite une optimisation. Habituellement l'épaisseur idéale est de seulement quelques nanomètres.

Plusieurs matériaux ont été proposés comme couche tampon pour optimiser la jonction organiques électrode métallique, la bathocuproïne (BCP), le fluorure de lithium (LiF) et Tris-8-hydroxy-quiolato aluminium (Alq_3) étant les plus largement adoptés. Peumans et Forrest ont montré comment améliorer l'efficacité de la convertion de la phthalocyanine de cuivre (CuPc)/fullerène (C_{60}) de cellules à double hétérostructure à travers la mise en place de la couche de BCP, qui agit comme une couche bloqueuse d'excitons. Cependant, les cellules à base de BCP présentent des problèmes de stabilité dus à la cristallisation rapide BCP, en particulier en présence d'humidité. Une solution potentielle à un tel problème repose sur l'utilisation d'Alq_3 au lieu de la BPC.

I.6. Techniques de caractérisation des films

I.6.1. Diffraction des rayons X (DRX)

La diffraction des rayons X (DRX) est une technique utilisée pour déterminer la structure et les orientations cristallographiques des matériaux et identifier les phases cristallines qui sont présentes dans le matériau analysé. Les analyses ont été effectuées sur un diffractomètre Brüker D8 Advance (montage θ-2θ) et SIEMENS D5000 (detector scan) avec un monochromateur en graphite qui enlève la raie K_β. Le rayonnement incident est donné par la raie $K\alpha$ du cuivre (λ = 1,5406 Å). Avec une tension de 40 kV et un courant de 30 mA, la divergence du faisceau est d'environ 0,4°. L'épaisseur du faisceau est de l'ordre de 1 mm et sa largeur de l'ordre de 10 mm.

- Sous incidence rasante, la source du faisceau reste fixe et l'angle d'incidence est de quelques degrés. Seul le détecteur se déplace et balaye le domaine angulaire désiré. L'angle d'incidence utilisé est de 1°. Le domaine de balayage 63 du détecteur est de 5 à 90° (angle Bragg). Cette configuration permet l'analyse de couches très minces car la profondeur analysée est moins importante que dans la configuration θ-2θ et donc la contribution du dépôt au signal diffracté est plus importante.

- En configuration θ-2θ, l'échantillon est horizontal et immobile et ce sont le tube et le détecteur de rayons X qui se déplacent symétriquement par rapport à la normale à l'échantillon. Cette configuration permet non seulement de mesurer les angles de Bragg, mais également de mettre en évidence d'éventuelles orientations préférentielles et d'analyser quantitativement un mélange de phases. Lorsque l'échantillon présente une structure cristalline, il peut avoir diffraction quand les ondes associées aux rayons X sont en phase (interférence constructive). Ceci arrive lorsque la condition de Bragg suivante est vérifiée :

$$\sin\theta = \frac{n.\lambda}{2.d_{(hkl)}}$$ (Équation I- 9)

Avec : - d(h,k,l), la distance entre les plans réticulaires (hkl) du réseau cristallin.

- θ, l'angle incident des rayons X par rapport à la surface de l'échantillon,

- λ, la longueur d'onde du faisceau incident

- n, un entier représentant l'ordre du mode de diffraction

Les diagrammes expérimentaux ont été traités avec le logiciel OriginPro 8.5. A partir des mesures en θ-2θ, les tailles des cristallites « équivalente » dans les couches minces ont été déterminées à partir de la largeur à mi-hauteur (FWHM) d'un pic de diffraction donné, en appliquant la formule de Scherrer:

$$L_{hkl} = K \frac{\lambda}{\beta.\cos(\frac{2\theta}{2})}$$ (Équation I- 10)

Avec : L_{hkl} taille moyenne dé cristallites dans la direction perpendiculaire aux plans (hkl) ; la longueur obtenue est pondérée en volume ($\Sigma n_j d_j^4 / \Sigma n_j d_j^3$).

K = constante,

λ = longueur d'onde monochromatique,

β = largeur de la raie en radians. Il est préférable d'utiliser la largeur intégrale que la largeur à mi-hauteur FWHM (Full With at Half Maximum) $\beta_{1/2}$ pour tenir compte d'un fond continu oblique ou d'une raie de diffraction asymétrique,

2θ = angle de Bragg au sommet de la raie.

On prendra K = 1 avec β_i et k=0,9 avec $\beta_{1/2}$.

I.6.2. Spectroscopie des photoélectrons (XPS)

Cette technique d'analyse de surface est basée sur l'interaction entre un faisceau de rayons X et les électrons du matériau à analyser. Elle ne permet qu'une analyse de surface de l'échantillon car même si la poire d'interaction entre le faisceau X et le film atteint 100 nm de profondeur, les photoélectrons qui parviennent à s'extraire du film ne peuvent provenir que d'une profondeur maximale de 10 nm.

L'énergie cinétique des photoélectrons détectés vaut :

$$Ec = h\upsilon \quad E_L$$ (Équation I- 11)

Avec :

- Ec : l'énergie cinétique d'électron (eV),

- hʋ : l'énergie des photons X incidents (eV),

- E_L : l'énergie de liaison du photoélectron émis (eV).

Le calcul de l'énergie de liaison des électrons détectés permet de connaitre la nature de l'atome émetteur du photoélectron (sauf pour l'hydrogène et l'hélium) ainsi que l'orbitale d'où provient cet électron. La mesure des aires des pics détectés permet de déterminer les concentrations relatives de ces espèces présentes dans le matériau étudié. La mesure du déplacement chimique (écart par rapport à l'énergie de liaison de référence pour l'atome en question) fournit des informations concernant les groupements chimiques présents dans le film (premiers voisins des atomes émetteurs). Ainsi la décomposition d'un pic XPS permet de calculer les concentrations des différents groupements chimiques et d'avoir une idée de la structure du matériau.

Les mesures ont été réalisées à l'aide d'un spectromètre Kratos Axis Ultra avec une source monochromatique Al Kα (1486,6 eV). Pour les études de compositions des matériaux, la mesure n'est que qualitative, il n'est possible que de comparer un échantillon à un autre du fait de la faible épaisseur d'analyse. En effet, la mesure, d'une part, ne reflète pas la structure globale de l'échantillon et d'autre part, les espèces absorbées en surface comme le carbone, l'oxygène etc. prennent une part non négligeable à la quantification des éléments.

I.6.3. Microscope électronique à balayage (MEB)

La microscopie électronique à balayage (MEB) est une technique de microscopie basée sur le principe des interactions électrons matière. Un faisceau d'électrons balaie la surface de l'échantillon à analyser qui, en réponse, réémet certains rayonnements (électrons secondaires, électrons rétrodiffusés, électrons Auger, RX). Différents détecteurs permettent d'analyser ces rayonnements pour reconstruire une image de la surface et déterminer la présence des éléments dans la zone analysée.

Un faisceau d'électron (Figure I. 12) vient frapper la surface de l'échantillon et un spectre de particules et de rayonnement sont émis incluant des électrons secondaires, les électrons rétrodiffusés et les rayons X. Les électrons secondaires sont des électrons de basse énergie. Ils ont été éjectés de l'orbite-K d'un atome de l'échantillon par une dispersion inélastique du faisceau d'électron. Ils proviennent d'une profondeur limitée d'environ 100Å et ils donnent des informations sur la topographie de surface.

Les électrons rétrodiffusés ont une plus haute énergie, proche de celle du faisceau d'électron primaire. Ceux-ci sont des électrons du faisceau qui ont réagi élastiquement avec les atomes de l'échantillon. Ils proviennent d'une profondeur plus importante de la cible.

Les rayons X sont émis lorsque le faisceau d'électrons éjecte un électron des couches profondes, ainsi un électron des couches supérieures vient remplir cette lacune et perd donc de l'énergie. La désexcitation se produit avec émission de rayons X. Ces rayons X sont utilisés pour identifier la composition chimique et l'abondance des éléments dans l'échantillon. Il est possible d'obtenir une cartographie d'un élément dans une couche superficielle d'environ 1 µm d'épaisseur.

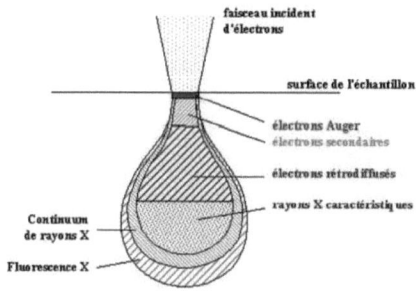

Figure I. 12 : Illustration de la poire de diffusion

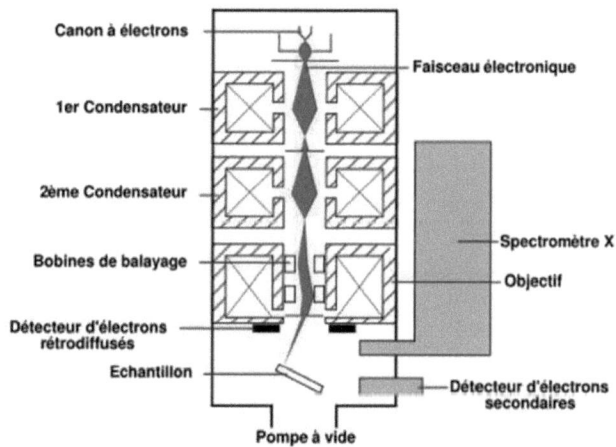

Figure I. 13 : Schéma d'un MEB

Un MEB est essentiellement (Figure I. 13) composé d'un canon à électrons et d'une colonne électronique dont la fonction est de produire une sonde électronique fine sur l'échantillon, d'un platine porte-objet permettant de déplacer l'échantillon dans les trois directions et de détecteurs permettant d'analyser les rayonnements émis par l'échantillon sous vide.

La morphologie et composant chimique des couches minces a été analysé par l'appareille de JEOL 7600F de l'IMN (Figure I. 14) combine deux technologies éprouvées - une colonne d'électrons semi-en-lentilles des détecteurs et une in-the-lentille de champ Schottky émission gun - pour offrir une résolution ultra-haute avec une large gamme de courants de sonde pour toutes les applications (1pA à plus de 200 nA). Les offres JSM-7600F vrai 1.000.000 grossissement X avec une résolution de 1 nm et une stabilité inégalée, ce qui permet d'observer la morphologie fine couche de nanostructures.

La JSM-7600F intègre avec succès une série complète de détecteurs pour les électrons secondaires, électrons rétrodiffusés, EDS (EDX), WDS, EBSD, ... Il s'agit d'un MEB haut de la ligne-pour la nanotechnologie, la science des matériaux, la biologie, la cryo-microscopie, la lithographie et l'analyse de composition et de structure. La chambre de grand spécimen peut accueillir un échantillon de 200 mm de diamètre.

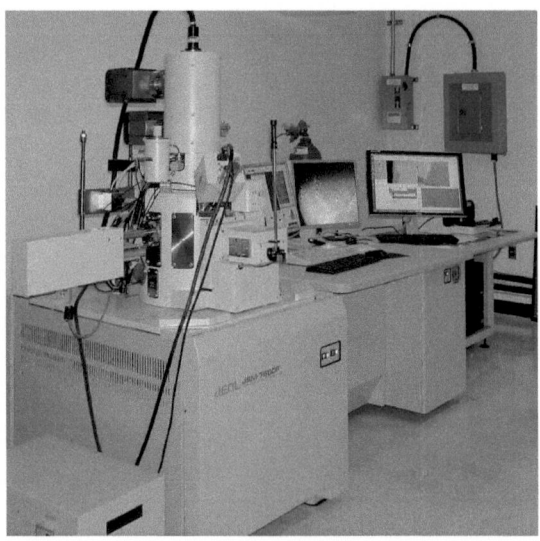

Figure I. 14 : Microscope Electronique à Balayage JEOL 7600F

I.6.4. Spectrophotométrie UV/Vis/NIR

La spectrophotométrie UV/Vis/NIR (Perkin Elmer Lambda 1050) a été utilisée pour mesurer la transmittance (T) et la réflectance (R) des couches minces, à partir desquelles on peut déduire la porosité et l'épaisseur de la couche en utilisant la méthode de « doubleenveloppe ». Le spectrophotomètre a également été utilisé comme un colorimètre pour le suivi des réactions de photocatalyse en solution aqueuse (orange G). Son domaine d'analyse comprend des longueurs d'onde λ de 200 à 2500 nm.

I.6.5. Résistivité par la méthode à quatre pointes.

Les propriétés électriques ont été mesurées à l'aide de la méthode à quatre pointes Figure I. 15. La résistivité constitue, pour l'application visée, la principale propriété intrinsèque à optimiser sur les films de cuivre. La résistivimétrie 4 pointes est une méthode adaptée à la mesure de conduction électrique des films minces.

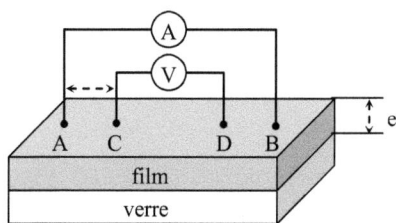

Figure I. 15 : Schéma d'une mesure par la technique des quatre pointes.

On injecte le courant entre deux points du bord A-B et on mesure la tension entre les deux points du bord opposé (bord C-D). Le rectangle pouvant ne pas être strictement un carré nous effectuons une deuxième mesure en injectant cette fois ci le courant entre les deux points du bord C-D, et comme précédemment nous mesurons ensuite la tension entre les deux points du bord opposé (bord A-B). Il suffit ensuite de calculer à l'aide de la loi d'Ohm, le rapport V/I pour chaque configuration de mesures.

Nous obtenons ainsi $R_{AB,CD}$ et $R_{AC,BD}$. La résistivité est la solution de l'équation dite équation de Van der Pauw [6]:

$$\exp(\frac{R_{AB,CD} - R_{AC,BD}}{R_{AB,CD} + R_{AC,BD}}) + \exp(-\frac{\pi.e}{\rho}.R_{AB,CD}) = 1 \quad \textbf{(Équation I- 12)}$$

Une méthode de résolution consiste à calculer la résistance équivalente par la formule suivante :

$$R_{eq} = \frac{\pi(R_{AB,CD} + R_{AC,BD}).f}{2Ln(2)} \quad \textbf{(Équation I- 13)}$$

f étant le facteur de forme obtenu d'après la relation :

$$Cosh(\frac{R_{AB,CD} - R_{AC,BD}}{R_{AB,CD} + R_{AC,BD}}.\frac{Ln(2)}{f}) = \frac{1}{2}.\exp(\frac{Ln(2)}{f}) \quad \textbf{(Équation I- 14)}$$

Nous calculons ensuite la résistivité avec :

$\rho = R_{eq}.e \quad (\Omega.cm) \quad$ **(Équation I- 15)**

CHAPITRE II
ÉTUDE DES COUCHES MINCES DE NiO DÉPOSÉES PAR PVD

II.1. Introduction

L'oxyde de nickel (NiO) déposé en couche mince avec une structure de type NaCl a récemment attiré l'attention parce qu'il est potentiellement très intéressant pour plusieurs applications scientifiques et technologiques. Grâce notamment à ses propriétés comme une excellente stabilité chimique, ainsi que ses propriétés optiques, électriques et magnétiques. Il joue un rôle important dans certaines applications : films conducteurs transparents [134] [134], matériaux antiferromagnétiques [48], électrodes pour batteries [107], capteurs chimiques [85], vitrages à commutation optique et affichage électronique [158] et contrôle efficace de l'énergie entrées-sorties des bâtiments ou des automobiles et aérospatiales [27]. Les couches minces d'oxyde de nickel peuvent être réalisées par diverses techniques, telles que l'évaporation thermique, la pulvérisation cathodique, le sol-gel, la pyrolyse, ainsi que des techniques électrochimiques et chimiques [3, 102, 103, 133, 143].

Ce chapitre décrit la fabrication de films minces d'oxyde de nickel par pulvérisation cathodique magnétron réactive. Dans la première partie, les films minces d'oxyde de nickel ont été déposés en courant continu (DC : Direct Current) et on a étudié l'influence des paramètres du procédé sur les propriétés des films minces : structure cristallographique, croissance, microstructure, composition chimique, propriétés optiques, configuration des bandes de valence et conduction. La deuxième partie du chapitre porte sur l'effet de la température de recuit sous atmosphère d'oxygène. Enfin, dans la troisième partie du chapitre, les films minces d'oxyde de nickel ont été réalisés par pulvérisation magnétron cathodique pulsé à haute puissance (High Power Impulse Magnetron Sputtering - HIPIMS). On a étudié leurs propriétés et nous avons comparé les résultats avec les dépôts réalisés en DC.

II.2. Pulvérisation cathodique magnétron réactive (PVD).

II.2.1. Historique.

La pulvérisation cathodique est l'un des nombreux procédés de la famille des dépôts physiques sous vide (PVD) qui permet la réalisation de revêtements métalliques ou de films céramiques, à l'aide d'un plasma, trouvant leurs applications dans des domaines aussi variés que la mécanique, l'optique, l'électronique, l'industrie chimique et l'aéronautique, etc... La PVD peut être divisée en deux catégories principales:

- les « plasmas froids », la température (l'énergie) des électrons est très supérieure à celle des ions. Les ions sont considérés comme « froids », non réactif. Ils peuvent être étudiés en laboratoire. Les scientifiques ont alors construit un savoir-faire expérimental, actuellement largement appliqué dans les industries.

- dans les plasmas « chauds », les ions sont « chauds », réactifs. Ils demandent plus d'énergie pour leur création, et, donc les installations qui les produisent sont moins nombreuses et donc moins accessibles. Le savoir-faire qui est essentiellement théorique, donc plus fondamental.

La pulvérisation cathodique a été observée il y a très longtemps.

- En 1852, Grove, puis quelques années plus tard Plücker, ont constaté que lors du fonctionnement de tubes à décharge, le métal qui constitue les électrodes se déposait petit à petit sur la paroi de verre du tube à décharge.

- En 1877, Wright a proposé l'utilisation de la pulvérisation cathodique pour réaliser des dépôts métalliques en couches minces. Cependant, la vitesse de dépôt était très faible et la contamination des films obtenus importante.

- Dans les années 70-80 la pulvérisation cathodique a connu un essor remarquable grâce à la microélectronique : utilisation d'alimentations radiofréquence pour la pulvérisation d'isolants, adjonction d'aimants derrière la cible afin d'augmenter les taux de pulvérisation et de travailler à plus basse pression.

- Depuis les années 90, des améliorations ont été apportées à ce procédé afin d'augmenter le taux d'ionisation des atomes pulvérisés et ainsi de pouvoir modifier leurs trajectoires et énergies. A cet effet, un plasma additionnel peut être généré entre le magnétron et le substrat par le biais d'une spire d'induction, il s'agit de l'IPVD (Ionized Physical Vapour Deposition).

- En 1999, une nouvelle génération d'alimentations pulsées haute puissance (HiPIMS) a été développée par Kouznetsov [83], en s'appuyant sur des travaux antérieurs par Mozgrin et al. [101], Bugaev et al. [23] et Fetisov et al. [47]. Il a utilisé des impulsions à haute puissance pour ioniser encore davantage (70%) la matière pulvérisée, ce qui conduit à une amélioration significative de la qualité cristalline des films minces [91].

Les techniques actuelles ont complètement modifié l'idée de Wright car il est désormais possible d'obtenir des décharges stables jusqu'à des pressions de l'ordre de 1 mtorr, ce qui permet une très grande souplesse de fonctionnement et l'obtention de couches de très grande pureté.

II.2.2. Mécanisme de la pulvérisation cathodique (PVD).

L'application d'une différence de potentiel entre la cible et les parois du réacteur au sein d'une atmosphère raréfiée permet la création d'un plasma froid, composé d'électrons, d'ions, et de neutres dans un état fondamental ou excité. Sous l'effet du champ électrique, les ions positifs du plasma se trouvent attirés par la cathode (cible) et entrent en collision avec cette dernière. Ils communiquent alors leur quantité de mouvement, provoquant ainsi la pulvérisation des atomes sous forme de particules neutres qui se condensent sur le substrat. La formation du film s'effectue selon plusieurs mécanismes qui dépendent des forces d'interactions entre le substrat et le film.

La décharge est auto-entretenue par les électrons secondaires émis par la cible. En effet, ceux-ci, lors de collisions inélastiques, transfèrent une partie de leur énergie cinétique en énergie potentielle aux atomes d'argon qui peuvent s'ioniser. Ces derniers sont attirés par la cible, la pulvérisent avec émission d'électrons secondaires et ainsi de suite.

Les sources de pulvérisation sont habituellement des magnétrons qui utilisent des champs magnétiques élevés afin de piéger les électrons près de la surface du magnétron (cible). Les électrons suivent des trajectoires hélicoïdales autour des lignes de champ magnétique réalisant ainsi plus de collisions ionisantes avec les éléments neutres gazeux près de la cible (**Error! Not a valid bookmark self-reference.**).

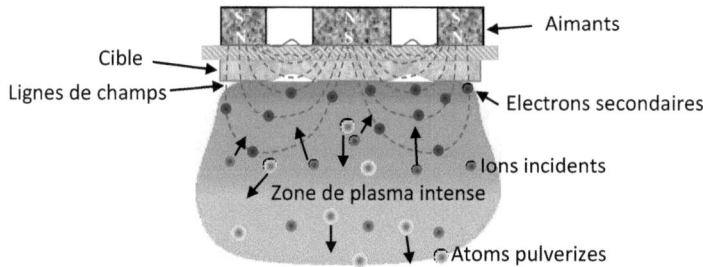

Figure II. 1 : Représentation schématique du procédé magnétron

Le gaz de pulvérisation est inerte, typiquement de l'argon. Le supplément d'ions argon créés par suite de ces collisions conduit à une vitesse de dépôt plus élevée. Il signifie aussi que le plasma peut être maintenu à plus basse pression. On peut noter que les atomes pulvérisés étant électriquement neutres sont donc insensibles au piège magnétique.

II.2.2.1. Processus de création du plasma

L'effet d'une décharge électronique dans l'argon est la production d'un gaz ionisé, ou plasma, contenant des ions, des électrons et des neutres. L'ensemble de ces particules est électriquement neutre. Lorsque les atomes d'Ar entrent dans l'enceinte, le champ électrique provoque l'ionisation des atomes de gaz : quelques électrons vont être accélérés et entrer en collision avec les atomes d'Ar. Comme expliqué précédemment, des ions Ar^+ et des électrons secondaires sont alors créés. Ces électrons secondaires vont de nouveau entrer en collision avec d'autres atomes d'Ar, créant de nouveaux ions Ar^+ et des électrons. Le nombre de collision augmente de façon importante, ce qui provoque la création d'un plasma lumineux.

II.2.2.2. Interaction ions-cible

La pulvérisation d'atomes est un effet purement mécanique dû aux chocs des ions avec le matériau cible que l'on veut déposer. On communique aux atomes du matériau une énergie par cession de la quantité de mouvement de l'ion incident attiré par la cible. Ce phénomène, à l'échelle atomique, est comparable au choc entre deux boules de billard. Cet atome va communiquer sa quantité de mouvement aux atomes environnants et ainsi de proche en proche, jusqu'à éjecter les atomes de surface (Figure II. 2).

a)

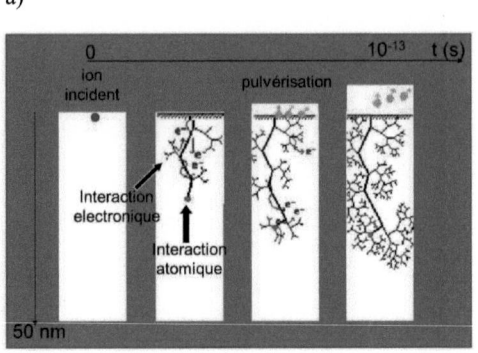

b)   c)

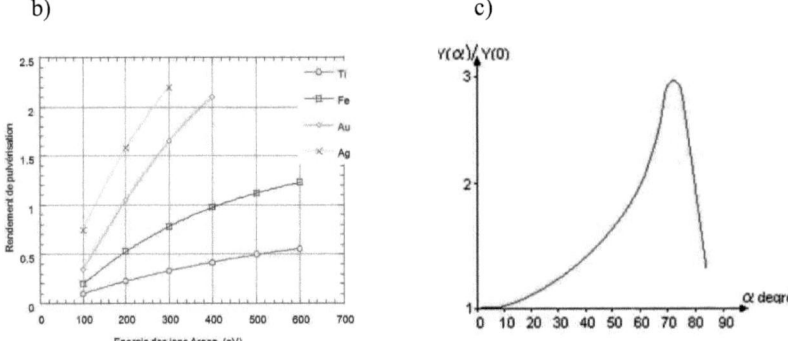

Figure II. 2 : Interactions entre des ions incidents et la cible :
a. Phénomène de pulvérisation.
b. Influence de l'énergie des ions sur le rendement de pulvérisation de certains métaux.
c. Influence de l'angle des ions incidents sur le rendement de pulvérisation.

Le processus de pulvérisation peut donc être quantifié en termes de rendement de pulvérisation. C'est le nombre d'atomes éjectés par ion incident [125]. Ce rendement dépend :

- de la nature de la cible (matériau, état de surface…),

- de la nature des ions incidents (gaz rares de masse plus ou moins élevée, ou gaz réactif),
- de l'énergie des ions incidents (Figure II. 2 b),
- de l'angle d'incidence (Figure II. 2 c).

II.2.3. Dispositif expérimental.

Le réacteur est composé d'une enceinte de dépôt cylindrique en inox et d'un SAS permettant l'introduction des échantillons sans remettre à la pression atmosphérique l'enceinte. Cette enceinte est équipée de deux électrodes : une cathode reliée au pôle négatif d'une alimentation électrique haute tension DC ou HIPIMS et une anode placée en vis-à-vis à 3 cm (distance entre la cible et le porte substrat). La cible de Nickel est fixée sur la cathode. Le substrat est posé sur l'anode. (Figure II. 3 b).

Derrière la cible, sont disposés des aimants, qui permettent de piéger les électrons et ainsi d'augmenter le taux d'ionisation du plasma.

Le pompage primaire est assuré par une pompe à palette, tandis que le vide secondaire est atteint par une pompe turbo moléculaire. Le vide résiduel obtenu est de l'ordre de 2.10^{-7} torr et se lit grâce à une jauge à ionisation, alors que la mesure du vide lors du dépôt se fait par une jauge à membrane (capacitive). La pompe secondaire a une vanne qui permet de réguler la pression lorsque l'on souhaite fonctionner à débit constant.

On dispose de deux bouteilles de gaz, une d'argon (Ar) et l'autre d'oxygène (O_2). Les débits de gaz sont pilotés avec un ordinateur et exprimés en sccm (*Standard Cubic Centimeter per Minute*). Le débit d'argon peut être fixé dans la gamme 0-100 sccm et le débit d'oxygène dans la gamme 0-20 sccm, ce qui permet de faire varier le pourcentage d'Ar et d'O_2 et d'ajuster la pression de dépôt.

a)

b)

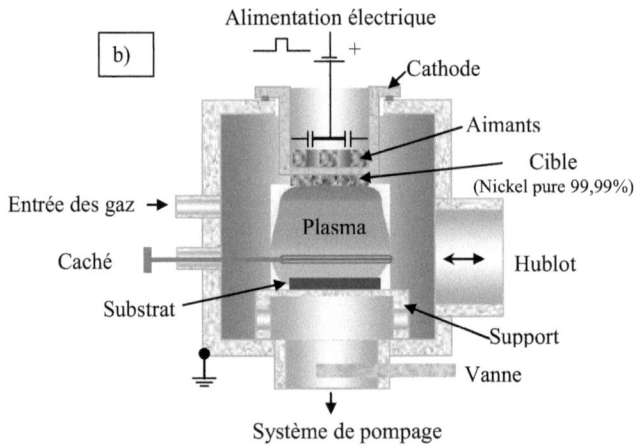

Figure II. 3 : Schéma du dispositif expérimental

II.3. Elaboration des films d'oxyde de nickel (NiOx) en pulvérisation DC.

II.3.1. Conditions expérimentales.

La cible utilisée est en nickel de diamètre 2 pouces (5,08 cm) et de pureté 99,99% (Neyco). L'alimentation électrique est une alimentation continue (DC) 184 FUG MCN de puissance maximale 600 Watts et limitée à un courant de 500 mA et une tension de -1250V. Pour l'étude de la conductivité électrique des films nous avons utilisé des substrats de verre. Pour les autres études (DRX, MEB...) nous avons utilisé des substrats de 2x2cm d'ITO ou FTO de chez SOLEMS. Avant dépôt, les substrats sont nettoyés avec un savon spécial et rincés à l'eau désionisée, puis séchés à l'azote.

II.3.2. Variation de la tension de décharge en fonction du pourcentage d'oxygène

La tension de décharge est un signal représentatif de l'état de surface de la cathode avec un temps de réaction de quelques millisecondes. C'est donc un diagnostic précieux lorsqu'on travaille en mode réactif [39, 40, 139]. Pour interpréter correctement l'évolution de la tension de décharge en fonction du pourcentage d'oxygène, il convient de distinguer deux modes de régulation. Le premier est le mode de régulation en puissance. Dans ce cas, l'augmentation de la pression partielle du gaz réactif (O_2) a pour conséquence une évolution simultanée et dans un sens opposé de la tension de cathode et du courant de décharge afin de garder la puissance constante. Le deuxième cas est le mode de régulation en courant. Dans ce cas, l'augmentation de la pression partielle du gaz réactif (O_2) engendre une modification de la tension de cathode afin de maintenir le courant de consigne. C'est ce dernier mode de régulation que nous avons choisi car il permet de visualiser instantanément l'effet de l'adjonction du gaz réactif. En effet, le courant de décharge étant la somme du courant d'ions bombardant la cathode et du courant d'électrons émis par celle-ci, une augmentation de la résistivité ou de l'émission électronique secondaire (SEEY Secondary Electron Emission Yield) de la cathode se traduira immédiatement par une variation de la tension de décharge. Dans le paragraphe suivant nous présentons l'évolution de la tension de décharge d'une cible de nickel à courant constant en fonction du pourcentage d'oxygène dans la décharge.

Après avoir fait le vide dans l'enceinte (environ 10^{-7} torr), on introduit l'argon jusqu'à environ 3,5 mtorr en ajustant le débit (10 sccm). Afin de minimiser le temps de résidence du gaz réactif, on maintient la vanne séparant l'enceinte de la pompe turbo à son ouverture maximale. On met en marche l'alimentation DC et il apparaît une décharge luminescente (plasma) entre les deux électrodes.

Le pourcentage d'oxygène dans le mélange gazeux est calculé de la manière suivante :

$$\%O_2 = \frac{\text{débit } O_2}{\text{débit } O_2 + \text{débit Ar}} . 100\% \qquad \text{(Équation II- 1)}$$

Où : débit O_2 et débit Ar sont le débit d'oxygène et le débit d'argon introduits dans la chambre.

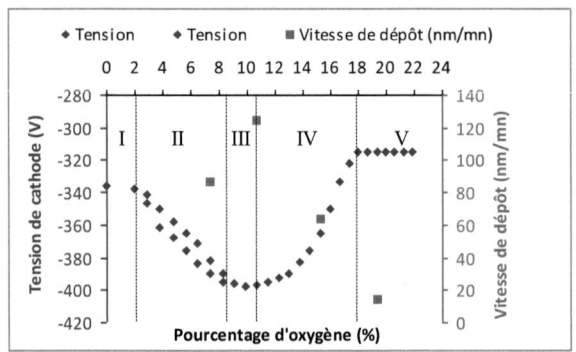

Figure II. 4 : Variation de la tension de décharge, à courant constant de 110 mA, en fonction du pourcentage d'oxygène.

En augmentant le flux de gaz réactif pendant le processus de dépôt, la tension de cible est affectée par au moins trois paramètres. Tout d'abord, la cible est bombardée par les différentes espèces ioniques avec des énergies différentes (Ar^+, Ar^{2+}, O^+, O^{2+}) [47]. Deuxièmement, la surface de la cible s'empoisonne par réactions avec les gaz réactifs. Troisièmement, la pression partielle de gaz réactif change (consommation par le substrat et parois de la chambre) de même que le rendement de pulvérisation. Ces trois processus interviennent simultanément et agissent sur les propriétés de la décharge, les paramètres du plasma ainsi que l'état de surface de la cible. L'interprétation des variations de la tension de décharge en fonction du pourcentage d'oxygène doit prendre en compte ces trois processus.

La Figure II. 4 représente la variation de la tension de décharge en fonction du débit d'oxygène, pour un courant de décharge constant, égal à 110 mA. Le débit d'argon introduit dans l'enceinte est de 10 sccm correspondant à une pression de 3,5 mtorr, la vitesse de pompage étant maximale. Lorsque le pourcentage d'oxygène augmente, la tension de décharge, d'abord constante, augmente (en valeur absolue) jusqu'à sa valeur maximale (- 400V) puis décroît pour atteindre une valeur stable (- 310 V). La variation caractéristique de la tension de cathode peut être décrite par cinq zones correspondant aux cinq états différents du processus de pulvérisation :

- **Zone I** : Avant chaque dépôt, la surface de la cible est nettoyée en la bombardant en argon pur pendant environ 5 minutes. Quand on introduit le gaz réactif (O_2) en petite quantité (<1 sccm), la tension de la cathode ne change pas, les films obtenus dans ces conditions sont métalliques. En effet, le flux total du gaz réactif dans la chambre (q_0) contient 3 composantes [39, 40, 76, 125, 139] :

$$q_0 = q_t + q_s + q_p \qquad \text{(Équation II- 2)}$$

Où : q_t est le débit de gaz réactif à la cible.

q_s est le débit de gaz réactif sur les surfaces.

q_p est le débit de gaz réactif vers la pompe.

Il y a compétition entre la pulvérisation de la cible et l'adsorption du gaz réactif sur les surfaces (cible, substrat et parois). Lorsque le débit d'oxygène est faible, la surface de la cible est métallique. Au sein du plasma la pression partielle d'oxygène est très faible car le gaz est adsorbé par les parois de l'enceinte et le substrat. Le flux d'oxygène vers la cible (q_t) est suffisamment petit pour ne pas provoquer l'oxydation de celle-ci par chimisorption ou implantation ionique réactive.

- **Zone II** : Cette zone est caractérisée par un cycle d'hystérésis qui se traduit par l'instabilité de la tension de cathode. Le processus d'oxydation de la cible se fait principalement par chimisorption [39] et conduit à une augmentation (en valeur absolue) de la tension de décharge. La cible n'est plus complètement métallique, donc sa résistivité augmente, mais pas suffisamment oxydée pour que son coefficient d'émission électronique secondaire augmente. Dans ces conditions, afin de maintenir un courant de décharge constant, la cible se polarise à une tension négative plus importante. On observe alors une augmentation de la vitesse de dépôt (Figure II. 4) et les films d'oxyde de nickel obtenus sont non-stœchiométriques (NiO_x avec $x<1$, positions 1 et 2 de la Figure II. 5).

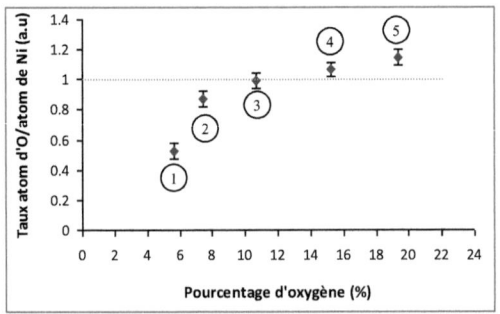

Figure II. 5 : Influence pourcentage d'oxygène sur la composition chimique des films.

- **Zone III :** La tension de la cible se stabilise à la valeur maximale (- 400 V) qui correspond à la résistivité maximale de la cible. Nous pensons que l'extrême surface de la cible est constituée de NiO parfaitement stœchiométrique, l'oxydation se faisant par chimisorption [39]. Il y a équilibre entre le taux d'érosion de la cible et la formation de la couche d'oxyde. Dans ce régime, sitôt qu'un atome d'oxygène est éjecté de la cible, il est aussitôt remplacé par un autre atome d'oxygène. Au sein du plasma, il y a suffisamment de gaz réactif pour former un film stœchiométrique (Point 3 de la Figure II. 5).

La transition à débit de gaz réactif croissant s'accompagne d'une chute du taux de pulvérisation et donc de la vitesse de dépôt.

Lorsque la cible est saturée en gaz réactif, la pression varie linéairement avec le débit d'oxygène.

- **Zone IV** : La cible se sature en gaz réactif, le processus d'oxydation se fait peu à peu par implantation ionique [39], le volume oxydé augmente ce qui engendre une augmentation de l'émission électronique secondaire [139]. Le courant électronique augmente, il faut moins d'ions pour maintenir le courant, donc la tension de cible diminue. En conséquence, la vitesse de pulvérisation du matériau composé qui se forme sur la cible diminue ce qui engendre une chute de la vitesse de dépôt. Les films NiO_x que nous obtenons sont non-stœchiométriques, le coefficient x étant supérieur à 1 (position 4 sur la Figure II. 5).

- **Zone V** : La tension de décharge se stabilise à un niveau faible (- 310 V), la cible est complètement oxydée. Les films obtenus sont saturés en oxygène, le rapport O/Ni atteint 1,2 (Point 5 de la Figure II. 5).

En résumé, les résultats ci-dessus et les résultats de plusieurs auteurs ont montré la forte relation entre le débit de gaz réactif et la tension de décharge. Cette variation de la tension de la cathode est une information précise du processus de pulvérisation et de la nature de l'écoulement des gaz, qu'il est important d'observer au moment du dépôt.

II.3.3. Influence du courant de décharge et de la pression.

La variation de la tension cathodique a été étudiée pour trois courants de décharge différents : 50, 80 et 110 mA. La tension de décharge a été enregistrée en augmentant le flux d'oxygène tout en maintenant le flux d'argon à une valeur constante de 10 sccm. Pour chaque valeur de courant, la tension de décharge présente la même forme (Figure II. 6 a). Les Figure II. 6 a et b montrent que pour des courants de décharges élevés ou à basse pression (grande vitesse de pompage), l'évolution de l'oxydation de la surface de la cible est plus lente. En effet, aux courants de décharges élevés, la cible bombardée par des ions Ar^+ (majoritairement) en nombre plus important fait que celle-ci s'érode plus rapidement et se trouve moins oxydée pour un même pourcentage d'oxygène dans la décharge. Ainsi, pour atteindre l'état de surface de la cible permettant d'obtenir des films stœchiométriques il faudra 4,3% d'oxygène à 50 mA, 8,1% à 80 mA et 10% environ à 110mA. Pour chacun de ces trois cas, la tension cathodique atteint la valeur maximale de -385 V, -391 V et -398 V respectivement.

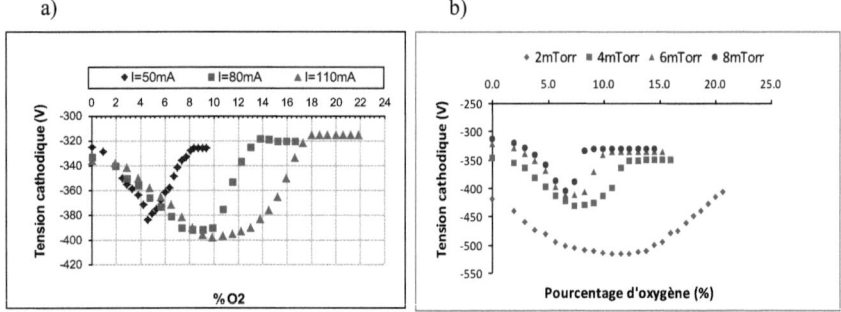

Figure II. 6 : Tension de décharge en fonction de pourcentage d'oxygène $f_V(\%O_2)$:
   a. en fonction du courant de décharge
   b. en fonction de la pression partielle de l'argon.

De même, pour atteindre la zone complètement oxydée (zone V) le pourcentage d'oxygène nécessaire correspondant aux courants de décharge de 50 mA, 80 mA et 100 mA est de 8,2 %, 13,8 % et 18 %, respectivement (Figure II. 6 a).

II.3.4. Caractérisation des films par diffraction des rayons X (DRX)

Nous avons déposé des films dans les zones II, III, IV et V pour étudier la cristallinité des films.

La structure d'oxyde de nickel est cubique à faces centrées (FCC) de type NaCl. Cependant, dans la plupart des cas, la symétrie cubique est difficile à obtenir. En effet la nature non-stœchiométrique du NiO, la présence d'impuretés, l'effet des contraintes provoquent une distorsion du réseau donnant au NiO en couche mince une structure rhomboédrique. Néanmoins dans la structure rhomboédrique les plans de diffraction se situent à des distances similaires à la structure cubique. C'est pour cette raison que la distorsion de la structure NiO est souvent ignorée et le système cristallin décrit comme pseudo-cubique.

Sur la Figure II. 7 on a représenté les diagrammes de diffraction de rayon X (DRX) des films correspondant aux quatre zones (II, III, IV et V) de la Figure II. 4. Les mesures ont été réalisées en utilisant un diffractomètre à rayons X D500 MOXTEK en utilisant la raie K_α du cuivre (λ = 0.15406 nm) en configuration Bragg-Brentano (θ-2θ). Les calculs de distances interréticulaires ainsi que l'évaluation de la taille des ont été déterminés en utilisant le logiciel ORIGINPRO version 8.5.

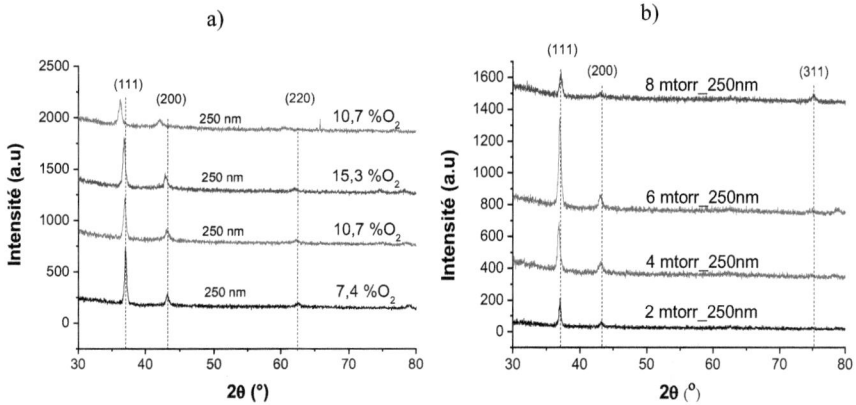

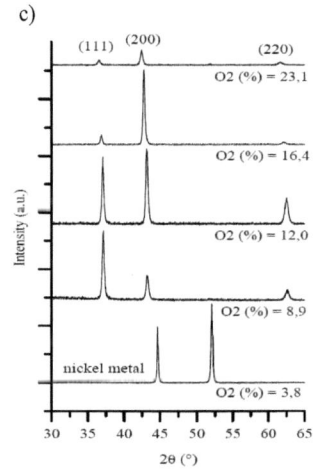

Figure II. 7 : Diagramme DRX des films de 250nm.
a. en fonction de pression partielle d'oxygène.
b. en fonction de pression partielle d'argon.
c. référence [76].

Les Figure II. 7 a et b montrent que la structure de NiO_x révèle l'existence d'une phase poly-cristalline caractéristique du NiO. En fonction de la pression partielle d'oxygène, A. Karpinski [76] a montré que le NiO croît selon deux orientations préférentielles (111) et (200). Ces orientations préférentielles sont directement liées à la teneur en oxygène dans le mélange de gaz de décharge (Figure II. 7 c). Lors de cette étude, les couches minces d'oxyde de nickel étaient déposées sur des substrats FTO (SnO_2: F). A faible taux d'oxygène (3,8%) les films étaient métalliques. Ensuite ils étaient préférentiellement orientés (111). Dans la région où la tension de décharge atteint son maximum absolu, les diagrammes étaient très proches du diagramme de poudre. Enfin pour des pourcentages d'oxygène élevés les films étaient préférentiellement orientés (200). Pour nos dépôts sur verre nous avons obtenu des films polycristallins (111), (200), (311) et (220), sans pouvoir mettre en évidence un changement d'orientation en fonction du pourcentage d'oxygène. On verra plus loin que des recuits conduisent à une orientation préférentielle des films comparable aux résultats d'A. Karpinski.

II.3.5. Etude de la morphologie en surface et section des films par microscopie électronique à balayage (MEB)

Dans le cas de films déposés par des techniques d'évaporation, les variables principales sont les suivantes [94]:

- La nature du substrat.
- La température du substrat pendant le dépôt.
- La vitesse de dépôt.
- L'épaisseur de dépôt.
- L'angle d'incidence du flux de vapeur.
- La pression et la nature de la phase gazeuse ambiante.

La Figure II.8 présente les images MEB des films déposés sur substrats ITO avec différents taux d'oxygène. Nous pouvons observer que les surfaces sont formées de gros grains irréguliers pour 7,4% et 10,7% d'oxygène (Figure II. 8 a et b). Quand le pourcentage d'oxygène augmente on observe une diminution de la taille de ces grains qui s'arrondissent se lient entre eux pour former des ilots circulaires (Figure II. 8. c et d). En ce qui concerne la section, les films sont constitués de colonnes denses à faible pourcentage d'oxygène (7,4% et 10,7%). Pour les pourcentages d'oxygène plus élevés (15,3 et 19,4 %) les colonnes tendent à disparaître pour laisser place à un amas de grains de petite taille.

Pour étudier l'effet de la pression de décharge de 2mtorr à 8mtorr, nous avons fixé la pression partielle d'oxygène à 10,7%. Dans ces conditions de croissance les films sont poly-cristallins (DRX Figure II. 7 b). La meilleure structure est obtenue à 6 mtorr (Figure II. 9 c). Lorsque, la pression partielle d'argon atteint 8 mtorr, la taille des particules décroît rapidement et présente une forme allongée. La croissance du film se fait sous forme de colonnes continues (Figure II. 9 d).

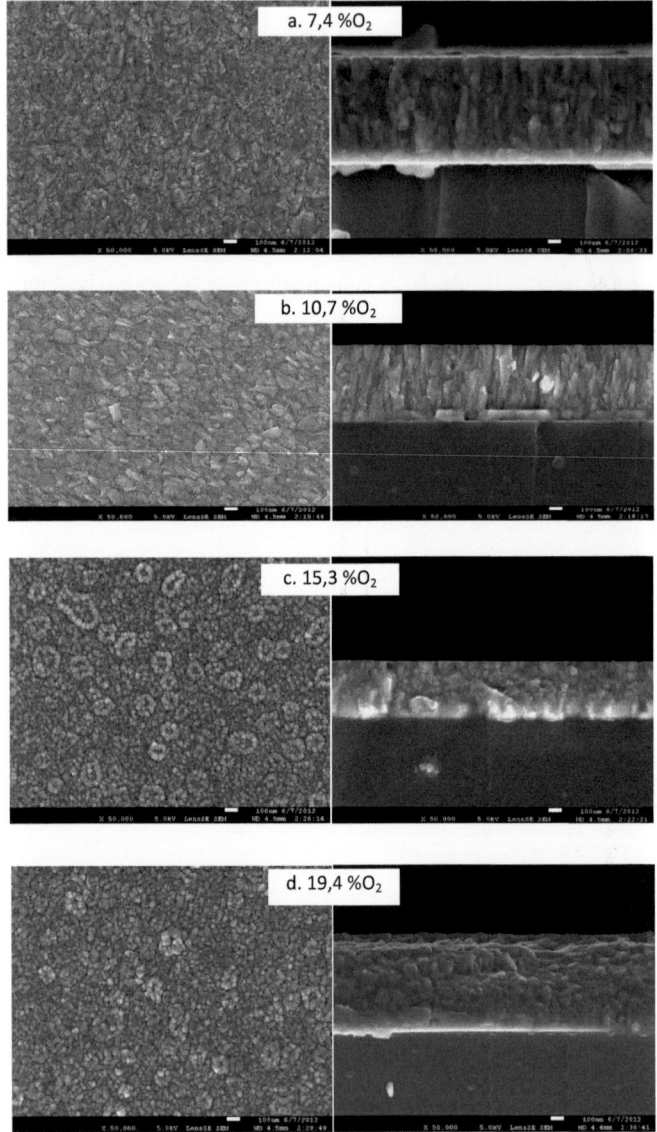

Figure II. 8: Images MEB de la surface et de la section des films déposés sur le substrat ITO à 110 mA et :

a. 7,4 pourcentage d'oxygène ; b. 10,7 pourcentage d'oxygène
c. 15,3 pourcentage d'oxygène ; d. 19,4 pourcentage d'oxygène.

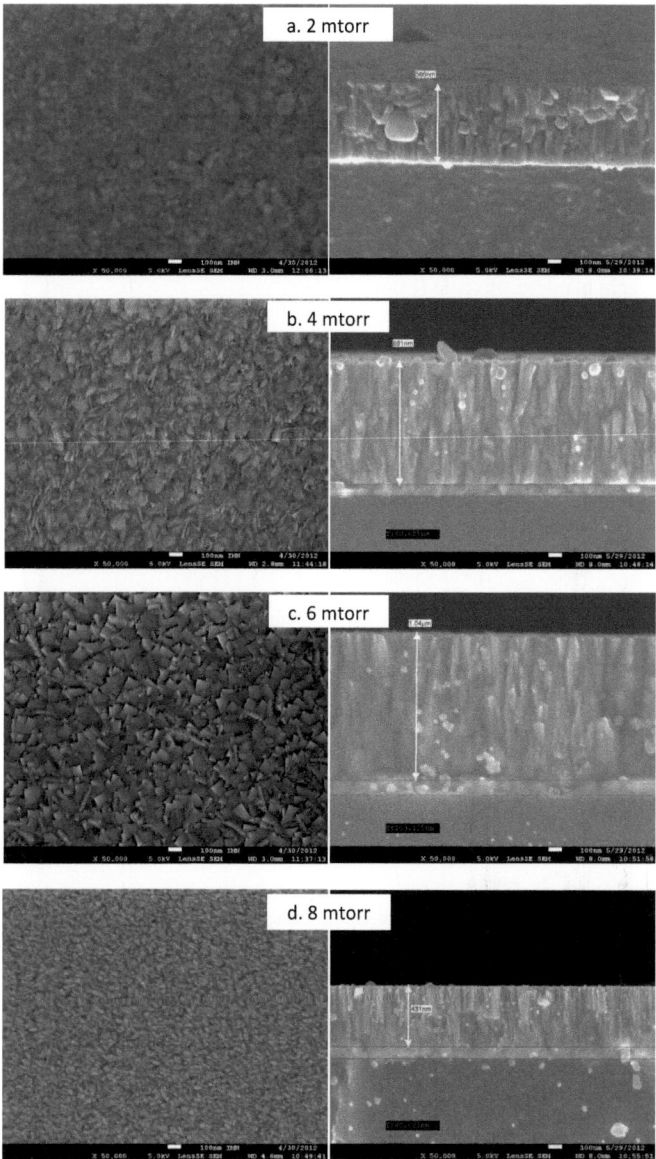

Figure II. 9: Images MEB de la surface et de la section des films déposés sur substrat ITO de différente pression d'Ar :

a. 2 mtorr ; b. 4 mtorr ; c. 6 mtorr ; 8 mtorr.

En considérant la morphologie des films, les différents modes de croissance du NiO peuvent être classés en utilisant un modèle structurel (SZM-Structure Zone Model). Ce modèle a été introduit par Movchan and Demchichin [100] (zone I, II, and III) pour des films réalisés par évaporation puis complété par Thornton [150] (zone T) et d'autres auteurs [53, 115, 148].

Ce modèle permet de prédire la croissance en fonction de deux paramètres: la température et la pression [78, 97, 100, 115, 149]. Les zones de structures différentes peuvent être caractérisées de la manière suivante (Figure II. 10):

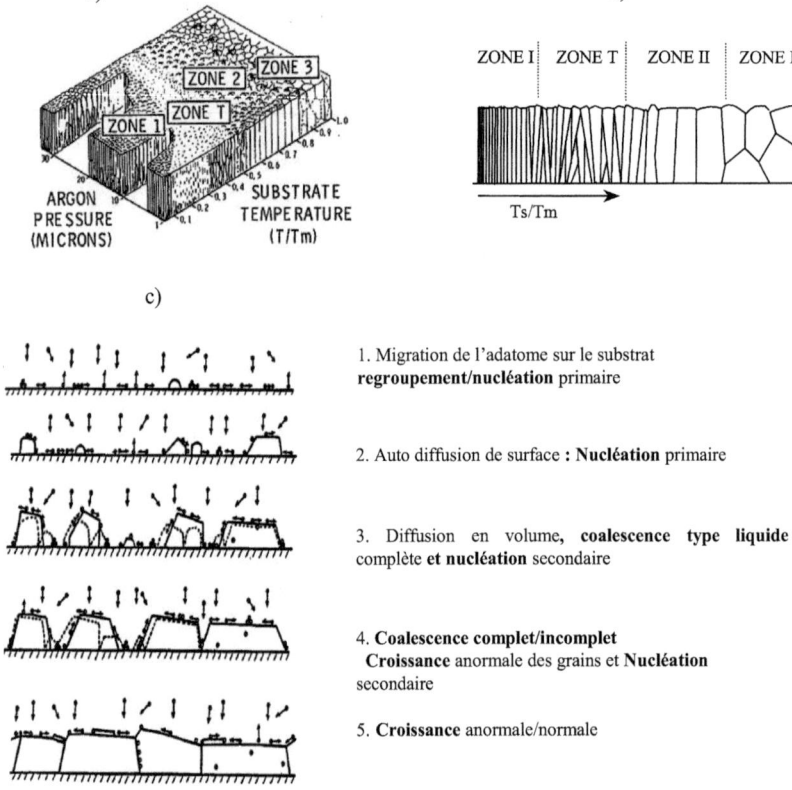

1. Migration de l'adatome sur le substrat
regroupement/nucléation primaire

2. Auto diffusion de surface : **Nucléation** primaire

3. Diffusion en volume, **coalescence type liquide** complète **et nucléation** secondaire

4. **Coalescence complet/incomplet**
Croissance anormale des grains et **Nucléation** secondaire

5. **Croissance** anormale/normale

Figure II. 10 : Principales caractéristiques des structures zones de utilisées dans la littérature.

L'évolution de la microstructure pour la caractérisation des films, se compose de trois régions: la zone I correspond à des températures de dépôt très faibles au cours de laquelle la diffusion des adatomes est négligeable; la diffusion de surface augmente dans la zone de transition T, et la zone II représente la croissance du film à des températures de dépôt pour lesquelles la diffusion de surface s'opère de façon importante. Les frontières entre les zones sont diffuses et les transitions sont progressives sur de larges plages de Ts / Tm.

Les processus de croissance contrôlant l'évolution microstructurale sont la nucléation, la croissance d'îlots, la coalescence de ces îlots, la formation des grains poly-cristallins, le développement d'une structure continue et la croissance du film [53]. Lorsque les taux de diffusion en surface sont importants, il se produit un épaississement du film par épitaxie locale. Le grossissement des grains se produit par recristallisation et migration aux joints de grains à la fois pendant et après la coalescence des îlots [115]. Au cours de la croissance du film dans la zone I, une structure peu dense avec une texture fine se développe. Au stade initial la taille des grains dans le plan est fixée par la densité de nucléation. Les colonnes ne sont généralement pas des grains individuels, mais sont constituées de petits grains poly-cristallins ou amorphes. A des températures plus élevées dans la zone T, le grossissement des grains se produit lors de la coalescence des îlots tandis que les joints de grains se figent dans les films continus. L'orientation cristallographique au cours du grossissement est aléatoire ou faiblement structurée et il existe une large distribution de tailles de grains. Pour des valeurs plus élevées de Ts / Tm (zone II), la diffusion en volume devient importante. La migration aux joints de grains a lieu non seulement au cours de la coalescence, mais tout au long du processus de croissance du film. L'orientation cristallographique au cours de l'étape de coalescence est plus prononcée et est entraînée par une diminution de la surface totale des joints de grains ainsi que la minimisation de l'interface et de l'énergie de surface [148].

Toutefois, au cours de la croissance du film de NiO, la présence du gaz réactif n'est pas continue sur toute l'épaisseur du film, en particulier pour les films riches en oxygène. Ainsi, en plus de l'influence de la température sur le processus de croissance du film, on a également l'influence du gaz réactif dans le processus de formation du film. Ce qui conduit à la déformation du réseau cristallin du NiO.

II.3.6. Analyse de la composition chimique des films minces de NiO par XPS

Les mesures XPS ont été réalisées avec un spectromètre Kratos Axis Ultra à l'aide d'une source monochromatique Al Kα (1486,6 eV). Les spectres ont été enregistrés pour les films minces de NiO d'épaisseur 250 nm et déposés à différents taux d'oxygène. Le « flood gun » (canon à électrons de faible énergie défocalisé) a été utilisé pour neutraliser la charge de surface pour toutes les analyses. La pression de base de l'appareil est de 8.10^{-9} Torr. Les spectres à haute résolution ont été obtenus en utilisant une énergie d'analyse (pass energy) de 20 eV, la surface analysée est environ de 500 µm².

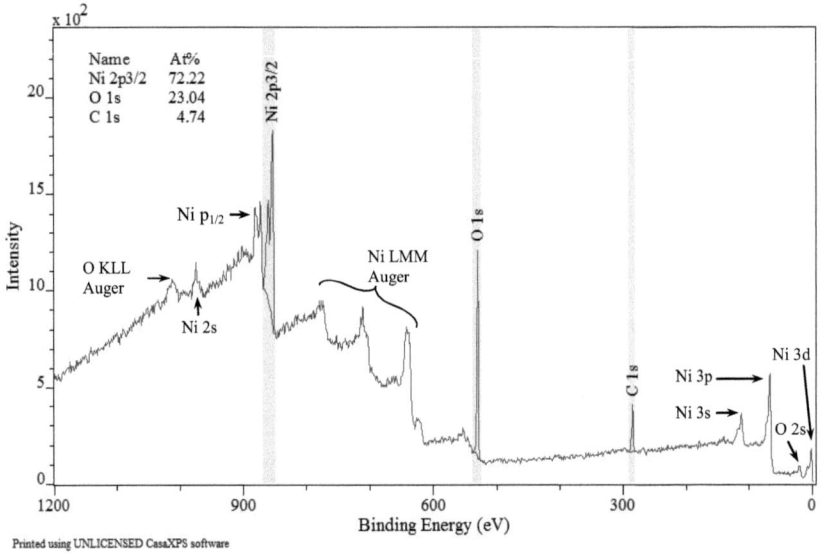

Figure II. 11 : Spectre de NiO poly-cristallin à 80 mA et 7,4%O$_2$

La Figure II. 11 montre le spectre large acquis pour l'échantillon poly-cristallin de NiO déposé à 7,4% O$_2$ et contenant un peu de carbone en surface. Plusieurs structures électroniques sont observées et attribuées à des photoélectrons provenant de différents niveaux d'énergie : Ni (2s, 2p, 3s, 3p, 3d), O (1s, 2s) et C (1s). On observe également des électrons issus d'une désexcitation Auger : Ni$_{LMM}$ et O$_{KLL}$. Dans tous les cas, seuls les électrons qui ont échappé à la surface sans subir aucune interaction de diffusion inélastique contribuent à l'intensité de ces pics.

Les gammes d'énergie de liaison pour Ni 2p, O 1s et C 1s sont les suivantes: 845-890 eV, 525-555 eV et 275-300 eV, respectivement.

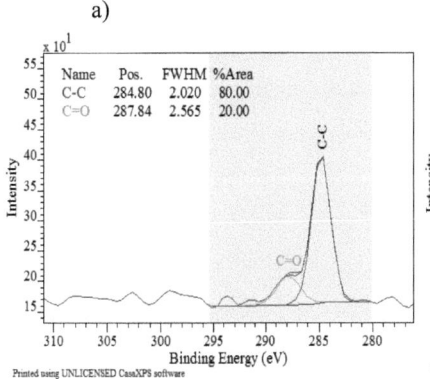

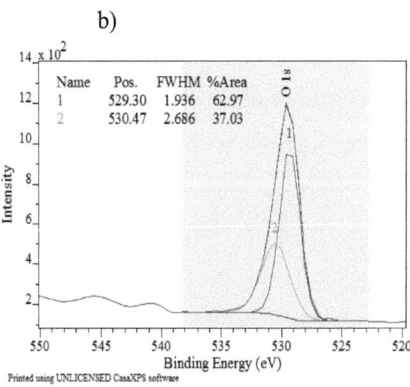

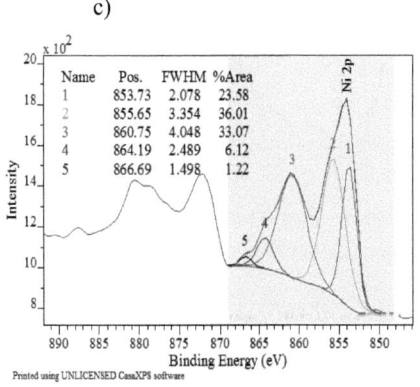

Figure II. 12 : Décomposition des spectres XPS de NiO déposé à 7,4% d'oxygène :

a. C 1s spectres ; b. O 1s spectres et c. Ni 2p spectres de NiO ont été équipés les pics en utilisant le fond Shirley.

Les données ont été traitées à l'aide du logiciel Casa XPS version 2.3.16 après soustraction du bruit de fond par la méthode de Shirley. Le spectre C 1s du carbone présente 2 composantes, une principale à 284,8 eV et attribuée aux liaisons C–C et C–H et la deuxième à 287,8 correspondant aux liaisons C = O [46, 90]. Les petits effets de charge possibles sur les échantillons isolants ont été corrigés en fixant la composante principale C 1s à une énergie de liaison de 284,8 eV [17] (Figure II. 12 a). L'erreur sur la détermination de la position des pics est comprise entre ± 0.1eV et ± 0,2 eV [98].

Le spectre O1s (Figure II. 12 b) peut être décomposé en 2 pics. Un pic principal à 529,3 eV et un autre vers 530,47 eV attribué soit à des défauts cristallins [57, 105] soit à des espèces hydroxyde $Ni(OH)_2$ [17, 26].

Pour les spectres du nickel l'interaction spin-orbite du niveau 2p conduit à une levée de dégénérescence : 2p3/2 et 2p1/2. Dans la plupart des cas elle est suffisamment grande pour que seuls les signaux les plus intenses (2p3/2) soient pris en considération [17]. Dans cette zone, l'oxyde de nickel est divisé en cinq pics dans le spectre d'origine comme indiqué sur la Figure II. 12 c et le Tableau II- 1. Les décompositions des spectres selon Biesinger sont données sur la Figure II. 12 [17].

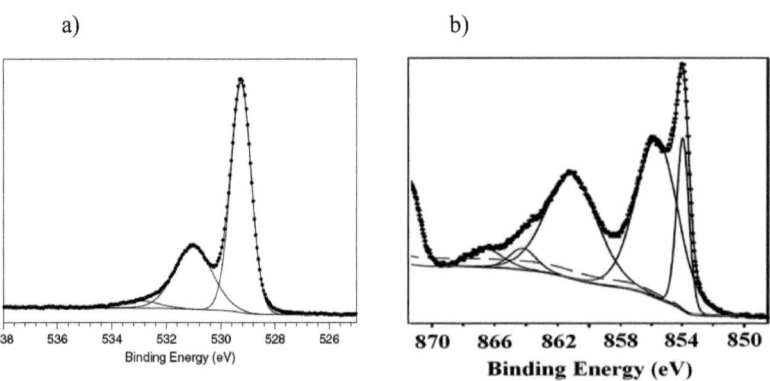

Figure II. 13 : Décomposition du spectre d'O1s (a) et de Ni2p (b) par M.C. Biesinger et al.

Tableau II-1 : Décomposition des spectres XPS de films minces de NiOx.

Spin-orbite	N° de pic	Energie liaison (eV)				% surface				FWHM (eV)				Composé proposé	
		Echantillon (%O$_2$)			Réf.*	Echantillon (%O$_2$)				Echantillon (%O$_2$)				Ech. (%O$_2$)	Réf.*
		7,4	10,7	19,4	17	7,4	10,7	19,4		7,4	10,7	19,4		7,4 ; 10,7 ; 19,4	17
2p$_{3/2}$	1	853,73	854,11	854,15	853,7	23,58	18,38	11,4		2,08	2,35	1,77		NiO	NiO
	2	855,65	855,63	855,86	855,7	36,01	35,79	48,20		3,35	3,228	3,52		Ni(OH)$_2$ NiOOH (2$^+$)	Ni(OH)$_2$ NiOOH (2$^+$)
	3	860,75	860,81	861,07	860,9	33,07	35,53	31,84		4,05	4,14	3,76		NiO	NiO
	4	864,19	864,18	863,86	864,0	6,12	6,00	7,45		2,49	1,98	2,44		NiO	NiO
	5	866,69	866,81	867,48	866,5	1,22	4,31	1,11		1,50	2,05	1,25		Ni(OH)$_2$	Ni(OH)$_2$
O 1s	1	529,3	529,79	529,69	529,3	62,97	46,4	46,45		1,94	2,58	1,77		NiO	NiO
	2	530,47	530,89		530,9	37,03	53,6			2,69	3,03			Ni(OH)$_2$	Ni(OH)$_2$
				531,54	531,1			53,55				2,77		Déf. De site O; abs. O2 ; NiOOH	Déf. De site O; abs. O2 ; NiOOH

* Biesinger, M.C., et al., *X-ray photoelectron spectroscopic chemical state quantification of mixed nickel metal, oxide and hydroxide systems*. Surface and Interface Analysis, 2009. **41**: p. 324-332 ([17])

II.3.7. Etudes optiques

Pour cette étude, les films minces de NiO ont été déposés sur des substrats de verre pour l'étude en fonction de la pression partielle de l'oxygène et sur substrats ITO pour l'étude en fonction de la pression de décharge. Tous les films analysés ont une épaisseur de 250 nm (**Error! Not a valid bookmark self-reference. a et b**). Les échantillons ont été caractérisés par spectrométrie UV-visible et proche infrarouge avec des longueurs d'ondes variant de 300 nm à 1200 nm. La transmission optique des films ne dépend pas seulement de l'épaisseur du film [47], de la température du substrat [4, 34, 134, 155] (déposés par pulvérisation cathodique radiofréquence - RF), de la température de recuit [157, 161], mais dépend également, comme nous le montrons ici, du pourcentage de gaz réactif et de la pression de décharge.

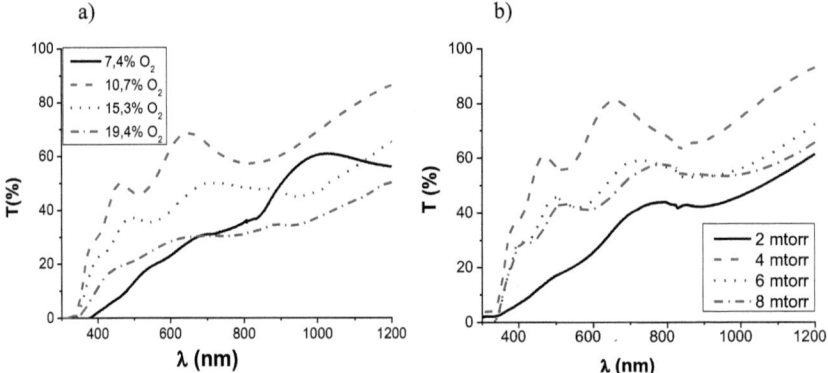

Figure II. 14 : Transmission optique des films dans l'UV-Visible et proche infrarouge :

a. En fonction de la pression de l'oxygène ; b. En fonction de la pression de l'argon.

Sur la Figure II. 14 a, on peut voir que la transparence du film augmente avec la pression partielle d'oxygène pour atteindre le maximum de transparence au voisinage de 10,7% correspondant à des films presque stœchiométriques (Analyse EDX sur la Figure II. 5). Ensuite la transparence diminue graduellement avec le pourcentage d'oxygène. La variation de la transmission optique est donc liée à la stœchiométrie ainsi qu'à la cristallisation du film. Sur la Figure II. 14 b, on observe que la pression de décharge influence également la transmission optique du film qui change de façon spectaculaire et atteint sa valeur maximale à une pression de 4 mtorr puis diminue quand on augmente la pression totale dans le réacteur.

Ainsi, pour des films stœchiométriques ou proches de la stœchiométrie, nous observons toujours une meilleure transmission optique car il y a moins de défauts dans le réseau [76]. Pour les films non-stœchiométriques excédentaires en oxygène il y a création de vacances en nickel au sein du réseau cristallin qui se traduit par une couleur brun foncé. En effet, lorsqu'un ion Ni^{2+} est vacant, pour maintenir une charge électrique globale neutre, il faut que deux Ni^{2+} du film se chargent pour donner des ions Ni^{+3} ce sont ces ions qui sont à l'origine de cette couleur brun foncé [6, 76, 80, 97].

A partie de ces spectres UV-visible-proche IR, nous avons déterminé le gap optique E_g. D'après les lois de l'optique, le coefficient d'absorption α est défini par la relation suivante [6]:

$$\alpha = \frac{\ln[\frac{(1-R)^2}{T}]}{e} \quad (cm^{-1}) \qquad \text{(Équation II- 3)}$$

Où R est le coefficient de réflexion (%), T le coefficient de transmission (%), et e l'épaisseur de la couche.

L'absorption fondamentale, qui correspond au passage d'électrons de la bande de valence dans la bande de conduction, peut être utilisée pour déterminer la nature et la valeur de la bande d'énergie interdite. Comme les films sont de nature cristalline, la relation entre les coefficients d'absorption (α) et l'énergie des photons incidents (hv), peut s'exprimer de la manière suivante [112]:

$$(\alpha h v)^n = A(hv - E_g) \qquad \text{(Équation II- 4)}$$

Où A est une constante,

Eg est la largeur de la bande interdite et l'exposant n est fonction du type de transition. Pour une transition indirecte permise n = 1/2, pour une transition directe permise n = 2 et pour une transition directe interdite n=3/2,

h est la constante de Planck.

En extrapolant la courbe pour $(\alpha h\nu)^2 = 0$, nous en déduisons les valeurs de Eg, qui sont présentées sur la Figure II. 15 et le Tableau II- 2.

Nos résultats montrent que la bande interdite se situe dans la gamme de 3,32 à 3,7 eV. Les énergies de bandes interdites rapportées pour le NiO sont dans la gamme 3,4 à 4,0 eV [79] ; 4,3 eV [138] et sont en bon accord avec nos résultats. La bande interdite la plus grande correspondant à l'échantillon ayant la plus grande transmission optique, est obtenue à 10,7% O_2. En outre, comme indiqué par A. Karpinski, la bande interdite dépend aussi de l'épaisseur du film. Ainsi lorsque l'épaisseur des films diminue, elle peut atteindre 4,2 eV pour des films de 80 nm d'épaisseur.

Cet effet est probablement dû à des défauts dans le réseau cristallin ou des sites vacants présents aux joints de grain, générant un niveau d'énergie intermédiaire afin de réduire la largeur de la bande interdite quand le film est plus épais [154].

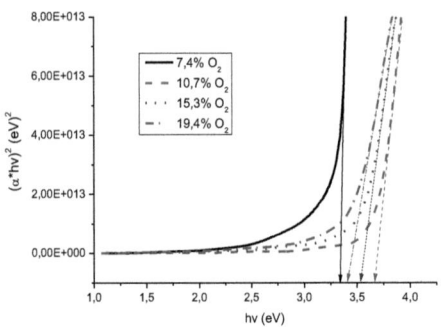

Figure II. 15 : Bande interdite des couches NiOx déposées à 110 mA et en fonction du pourcentage d'oxygène

Tableau II- 2 : Bande interdite des couches NiOx (Figure II. 15)

Pourcentage d'oxygène (%)	7,4	10,7	15,3	19,4
Bande interdite (eV)	**3,32**	**3,70**	**3,55**	**3,46**

II.3.8. Propriétés électriques

Comme indiqué précédemment, les films de 250 nm, sont déposés sur verre afin que la résistance du film ne soit pas affectée par la conductivité du substrat. Les propriétés électriques ont été mesurées à l'aide de la méthode à quatre pointes qui a été présentée au paragraphe 9.5 du chapitre 1.

Tableau II- 3 : Résistivité des films de NiOx en fonction du pourcentage d'oxygène

Pourcentage d'oxygène (%)	7,4	10,7	15,3	19,4
Résistivité (Ω.cm)	**0,01**	**3,89**	**0,23**	**0,02**

Le Tableau II- 3 présente la résistivité électrique des films de NiO en fonction du pourcentage d'oxygène. Nous constatons que la résistivité des films de NiO augmente de 0,01 à 3,89 (Ω.cm) avec l'augmentation du pourcentage d'oxygène de 7,4 à 10,7%, puis chute à nouveau à 0,02 Ω.cm pour 19,4% O_2. La diminution de la résistivité avec le pourcentage d'oxygène est liée à l'augmentation de la concentration en trous dans les films.

D'autre part, le NiO est considéré comme étant un isolant de Mott-Hubbard avec une conductivité très faible de l'ordre de 10^{-11} $(Ohm.m)^{-1}$ à température ambiante [2, 19, 20, 71, 92, 99, 121]. Cependant, pour nos échantillons tout dépend du pourcentage d'oxygène dans le mélange de gaz. En effet, les résultats EDX (Figure II. 5) montrent que, dans la région III (Figure II. 4) NiO est presque stœchiométrique et présente la plus grande résistivité. Au contraire, les films de NiO dans les régions II et IV ont une faible résistivité en raison des défauts générés par les vacances de Ni dans le réseau cristallin (IV) ou la présence d'atomes de Ni excédentaires au sein du film (II) qui créent des niveaux intermédiaires dans la bande interdite. C'est ce qui explique la variation de résistivité des films avec le flux d'oxygène dans le réacteur pendant le dépôt.

II.4. Effet du recuit sur les propriétés des films de NiOx

II.4.1. Méthode de recuit

Pour développer et élargir le champ d'application des films de NiO, en particulier pour ses propriétés électrochrome [32], de nombreuses études ont été menées portant sur ses conditions de synthèse et les traitements thermiques post-dépôt. Il est en effet primordial d'étudier l'influence du recuit (ou traitement thermique) sur les propriétés du NiO car il s'agit d'un traitement classique pour améliorer la qualité cristalline et augmenter la taille des grains dans les films minces.

Nous avons réalisé des recuits sous flux d'oxygène dans un tube scellé pour trois types d'échantillons déposés avec des pourcentages d'oxygène différents (zones III, IV et V de la Figure II. 4). Nous avons fait varier Ts / Tm de 0,25 à 0,3 (400 à 600 °C). Nous avons choisi cette plage de température car pour des températures inférieures à 400 ° C nous n'avons pas observé de changement de couleur des films. Au cours de ce traitement thermique, la couche mince s'enrichit en oxygène et sa cristallinité s'améliore.

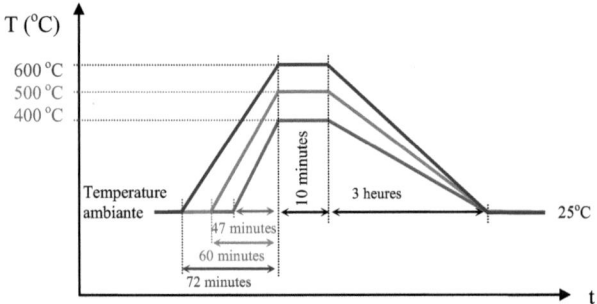

Figure II. 16 : Schéma du recuit des films sous oxygène.

La vitesse de montée en température jusqu'à la température maximale est maintenue constante (8 °C/minutes) correspondant à 47 minutes pour 400 °C, 60 minutes pour 500 °C et 72 minutes pour 600 °C. Le temps de palier est de 10 minutes et le refroidissement se fait naturellement (environ 3 heures).

II.4.2. Variations de la morphologie des films

II.4.2.1. Analyse DRX.

La Figure II. 15 représente les spectres de diffraction des rayons X (DRX) de nos échantillons déposés dans les zones II, III et IV (Figure II. 4) correspondant à 10,7 ; 15,3 et 19,4 %O_2 aux différentes températures 400, 500 et 600 °C.

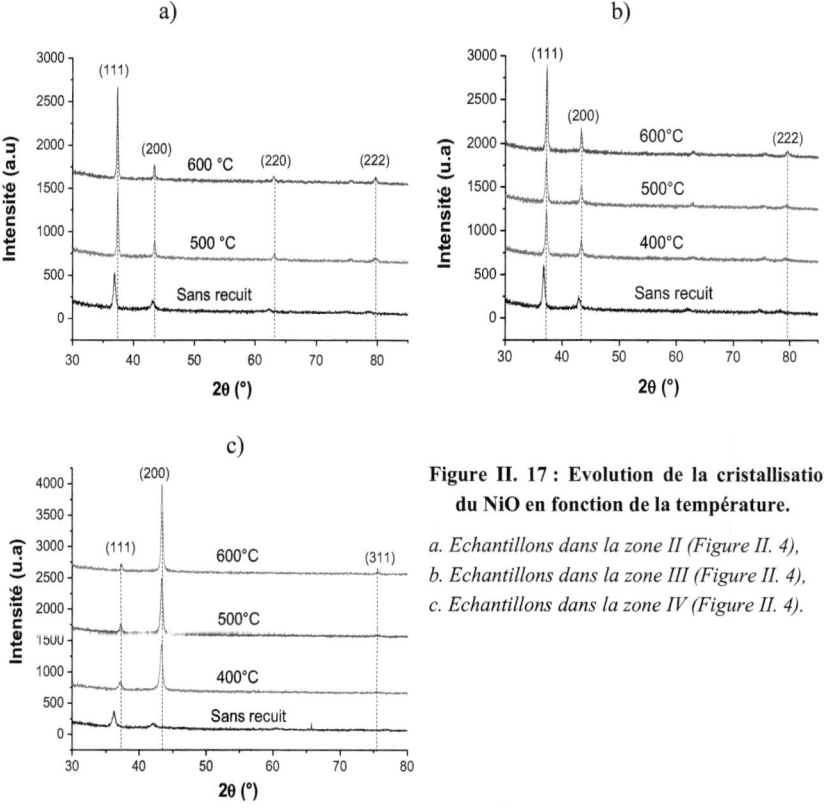

Figure II. 17 : Evolution de la cristallisation du NiO en fonction de la température.

a. Echantillons dans la zone II (Figure II. 4),
b. Echantillons dans la zone III (Figure II. 4),
c. Echantillons dans la zone IV (Figure II. 4).

Nous voyons clairement les évolutions des pics (111) (*situé à 37,3°*) et (200) (*situé à 43,4°*). Pour les échantillons à 10,7 et 15,3 %O_2, l'orientation cristalline (111) est privilégiée alors que pour l'échantillon à 19,4 %O_2 c'est l'orientation cristalline (200) qui est privilégiée. H. L. Chen et Y.-S. Yang, ont trouvé des résultats similaires. Ils ont montré que pour les échantillons ayant un pourcentage d'oxygène élevé (à partir de 50% O_2), les films avaient une orientation préférentielle (200) pour une température de substrat de 300°C et une orientation préférentielle (111) pour les échantillons contenant moins d'oxygène [89]. On retrouve également les résultats obtenus sur substrats ITO lors de la Thèse Arek Karpinski [76].

D'autre part, pour les trois échantillons on observe un déplacement de la position du pic de 0,5 à 1,12° au cours du processus de recuit en se rapprochant de la position standard du diagramme de poudre du NiO (37,1° et 43,1° pour les plans (111) et (200), respectivement [25, 146]). Ce qui signifie d'abord une relaxation des contraintes puis un changement de signe de celles-ci la distance inter-réticulaire devenant inférieure à celle du matériau non contraint (Figure II. 17).

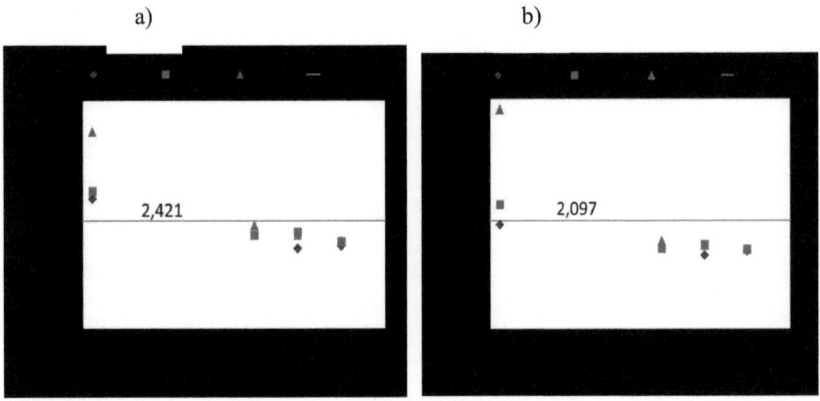

Figure II. 18: Evolution de la distance entre plans : a. (111) ; b. (200)

Pour évaluer l'orientation préférentielle à partir des diagrammes DRX des couches minces de NiO en fonction de la température de recuit, nous avons appliqué la méthode de Lotgering [89] et calculé le facteur du même nom. Le but de la méthode est de comparer le degré de texture du film NiO par rapport au diagramme de poudre. Cette méthode présente l'avantage de quantifier le degré de texture de nos échantillons.

Le facteur de Lotgering est défini de la manière suivante :

$$f_L = \frac{P - P_0}{1 - P_0}$$ (Équation II- 5)

Avec : $P = \frac{\sum I(00\ell)}{\sum I(hk\ell)}$, le ratio de la somme des intensités de la famille des pics (00*l*) divisée par la somme des intensités de tous les pics pour 2θ compris entre 30 et 85°.

$P_0 = \frac{\sum I_0(00\ell)}{\sum I_0(hk\ell)}$, le même ratio pour une orientation aléatoire (diagramme de poudre).

Le facteur f_L varie de 0 pour des échantillons non-orientés à 1,0 pour des échantillons monocristallins.

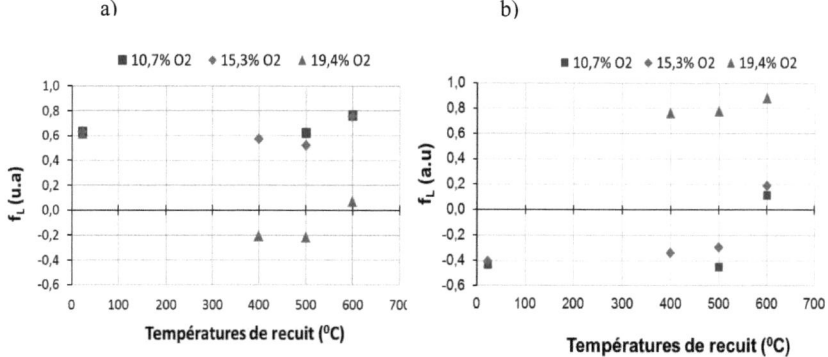

Figure II. 19 : Facteur de Lotgering (f_L) des échantillons à 10,7% ; 15,3% et 19,4% O_2 en fonction de la température de recuit sous oxygène :

a. f_L plan (111) et b. f_L plan (200)

Les Figure II. 19 a, b montrent le facteur de Lotgering pour les plans (111) et (200) des films minces de NiO déposés sur verre à 10,7% ; 15,3% et 19,4%O_2. Avant recuit, celui-ci dépend peu du pourcentage d'oxygène dans le mélange gazeux. Les films sont préférentiellement orientés (111), f_L = 0,6. Les valeurs négatives de f_L calculées pour l'orientation (200) signifient que ce pic est négligeable par rapport au diagramme de poudre. Lorsque l'on recuit les films à des températures différentes, la texturation diffère en fonction du pourcentage d'oxygène. Ainsi les films réalisés à 10,7 et 15,3 %O_2 restent préférentiellement orientés (111) avec f_L = 0,6 à 400 et 500°C, cette orientation étant encore plus marquée à 600°C (f_L = 0,8) (Figure II. 19 a). Tandis que l'échantillon réalisé à 19,4%O_2 passe d'une orientation préférentielle (111) à une orientation préférentielle (200) dès 400°C (f_L = 0,8). Pour un recuit à 600°C on obtient des films quasi monocristallins (f_L = 0,9).

Pour évaluer la variation de la taille des cristallites après recuit, à partir des diagrammes de diffraction, nous avons utilisé la formule de Scherrer (équation 1-13).

La méthode de Scherrer permet d'estimer la taille moyenne des cristallites dans le domaine 2-100 nm. Dans de nombreux cas, cette méthode approchée est suffisante pour caractériser les couches minces. De plus, elle est simple et rapide à mettre en œuvre.

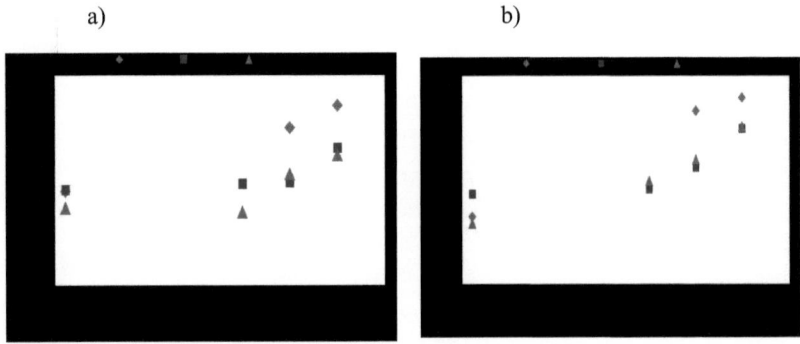

Figure II. 20 : Evolution de la taille des cristallites en fonction de la température :
a. (111) ; b. (200)

Nous pouvons voir que la taille des cristallites pour les deux orientations préférentielles (111) et (200) croît de façon continue avec la température de recuit. Pour les films réalisés à faible pourcentage d'oxygène (10,7 %) l'augmentation de la taille des grains est la plus remarquable et atteint un facteur 2 à 600 °C.

II.4.2.2. Observation de la variation de la morphologie par MEB

La Figure II. 21 présente les images MEB des films de NiO réalisés à 15,3 et 19,4 %O_2 puis recuits sous oxygène à 400, 500 et 600°C, conduisant à une structure cristallisée d'apparence granulaire et homogène. Les clichés de la surface montrent une augmentation de la taille des particules. Les grains constituant la couche sont de tailles homogènes autour d'une moyenne de 30 à 35 nm (Figure II. 21 d et f) pour les échantillons recuits à 600 °C. Cette valeur moyenne de taille de grains confirme les mesures faites par DRX (Figure II. 20)

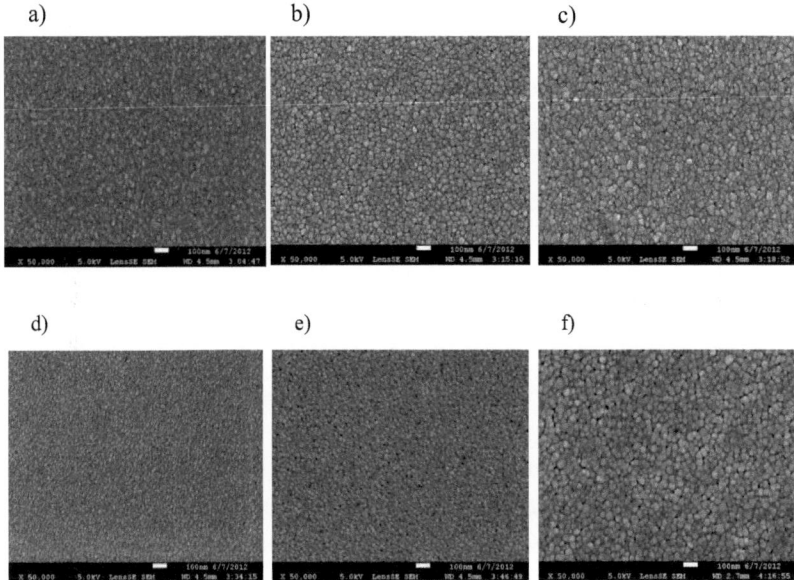

Figure II. 21 : Image MEB de la surface du film (recuit sous oxygène).
- Echantillon 15,3%O_2 à a. 400 °C ; b. 500 °C ; c. 600 °C
- Echantillon 19,4%O_2 à d. 400 °C ; e. 500 °C ; f. 600 °C

ie la texture des films de NiO dépend à la fois de la teneur en oxygène dans le film et de la température de dépôt [49, 66, 128, 134]. L'orientation cristalline du film est contrôlée par la nucléation et la croissance des grains [33]. Les orientations cristallographiques de films NiO sont affectées par l'agencement d'O_2- pendant le recuit.

II.4.3. Effet du recuit sur la transmission optique.

Les mesures de transmission optique pour les échantillons recuits ont été effectuées dans la gamme de longueurs d'ondes 300-1200 nm. A partir des spectres de transmittance nous avons déduit les gaps optiques E_g pour chaque échantillon.

Généralement, les couches minces de NiOx sont transparentes quelle que soit la méthode de dépôt utilisée. Toutefois, les échantillons proches de la stœchiométrie ont la plus grande transmission optique (échantillons déposés dans zone III dans la Figure II. 4). En revanche, les échantillons non-stœchiométriques sont brun foncé (dans la zone II, IV et V de la Figure II. 4) et la transmission optique maximum est de 25-35% pour des échantillons de 250 nm d'épaisseur dans la zone visible (λ=380-780nm) comme le montrent les courbes en noir de la Figure II. 22 a, b et c. La raison est que les films non stœchiométriques possèdent des défauts qui piègent les photons. Par conséquent, le coefficient de transmission optique diminue lorsque le coefficient de non-stœchiométrie des films augmente.

A partir de 400 °C, le coefficient de transmission optique augmente fortement et atteint 70 % environ pour tous les échantillons dans les mêmes gammes de longueurs d'ondes (380-780nm) par contre nous n'observons pas d'augmentation significative de la transmittance pour des températures de recuit plus élevées (500 et 600 °C).

A partir des spectres de transmission optique nous avons déduit les gaps optiques Eg comme expliqué au paragraphe 3.7. Les résultats sont présentés dans le Tableau II- 4 et montrent la relation entre la largeur de bande déterminée pour chacun des films recuits. La valeur attendue de 3,9 eV pour la largeur de bande est atteinte après recuit à 600 °C mais dès 400 °C on atteint une largeur de bande interdite de 3,8 eV. La légère variation observée entre 400 et 600 °C est attribuée au fait que les films de NiO ne sont pas parfaitement homogènes, et que la transformation de phase et / ou l'oxydation sont incomplètes.

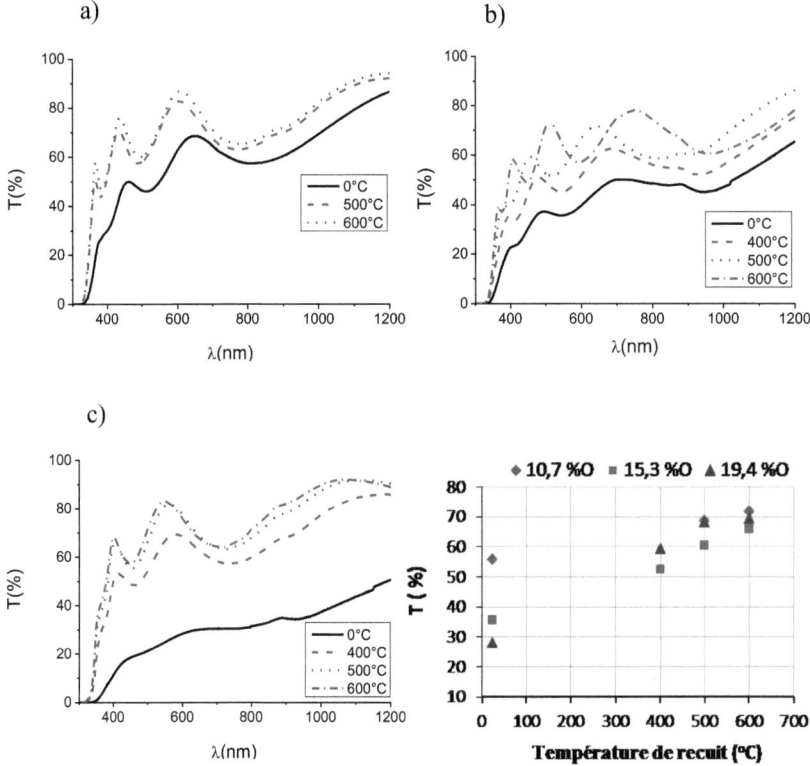

Figure II. 22 : Transmission optique des films en fonction de la température de recuit sous oxygène (10 minutes) des échantillons :

a. 10,7 %O_2 ; b. 15,3 %O_2 et 19,4 %O_2.

Tableau II- 4 : Bande interdite des échantillons recuits sous oxygène.

Bande interdite Eg (eV)				
Echantillon (% O_2)		10,7	15,3	19,4
C sans recuit (°C)		**3,70**	**3,55**	**3,46**
Recuit sous oxygène	400°C	x	**3,80**	**3,84**
	500°C	**3,86**	**3,83**	**3,87**
	600°C	**3,90**	**3,85**	**3,89**

L'augmentation du gap est surtout significative pour les films riches en oxygène (3,46 à 3,89 eV). Cette valeur est en excellent accord avec les valeurs rapportées pour les films de NiO [4, 8, 9, 122, 161]. Cela peut être lié à la réduction du nombre de liaisons insaturées ce qui a pour effet de réduire la densité des états localisés dans la structure de bande et par conséquent d'augmenter la largeur de la bande interdite [109, 161].

II.4.4. Effet du recuit sur la résistivité des films de NiOx

Comme indiqué ci-dessus, la résistivité des films dépend de l'état d'oxydation du dépôt, à chaque état réactif correspond une conductivité électrique déterminée. En général, quelles que soient les conditions de pulvérisation les films sont conducteurs.

Pour évaluer l'effet du recuit sur la résistivité des films NiO_x, nous avons effectué des mesures de résistivité, par méthode quatre points décrites précédemment, pour les trois groupes d'échantillons 10,7; 15,3 et 19,4% O_2 à différentes températures de recuit (400; 500 et 600 °C). Les résultats sont présentés dans le Tableau II- 5.

Tableau II- 5 : Résistivité des échantillons recuits sous oxygène.

Résistivité (Ω.cm)				
Echantillon (% O_2)		10,7	15,3	19,4
C sans recuit (°C)		3,89	0,23	0,02
Recuit sous oxygène	400°C	x	0,31	4,89
	500°C	359	10	59
	600°C	789	1684	579

A 400°C, la plupart des échantillons recuits sont encore conducteurs. Lorsque la température de recuit augmente, la résistivité de tous échantillons augmente fortement pour atteindre la valeur maximale de 1684 Ω.cm pour les films réalisés avec 15,3% O_2. Etant donnée la faible conductivité des films, les signaux enregistrés étaient trop faible pour déterminer le type de semi-conducteur (p ou n). L'augmentation de la résistivité avec la température d'oxydation peut éventuellement être attribuée à une diminution des défauts natifs qui agissent comme des niveaux accepteurs de faible profondeur [122].

II.5. Elaboration des films d'oxyde de nickel (NiOx) par HiPIMS

II.5.1. Avantages de l'HiPIMS.

L'HiPIMS (High Power Impulse Magnetron Sputtering) est une méthode dont le but est d'ioniser la vapeur métallique pulvérisée. En pulvérisation cathodique magnétron conventionnelle (DCMS) l'ionisation des espèces pulvérisées est faible (quelques %) car la densité de puissance du plasma n'est pas assez élevée. L'augmentation de la densité de puissance a pour objectif d'une part, d'augmenter la densité du plasma et d'autre part d'ioniser davantage le matériau pulvérisé. Malheureusement, une augmentation trop importante de la puissance peut faire fondre la cible, ce qui est évidemment un effet moins souhaitable. L'idée est donc d'appliquer une puissance très élevée pendant de courtes impulsions, la puissance moyenne restant maintenue suffisamment basse pour que le système de refroidissement puisse maintenir la cible à une température inférieure à la température de fusion. La puissance élevée à l'intérieur de chaque impulsion est suffisante pour créer un plasma dense devant la cible et ainsi ioniser une fraction importante de la matière pulvérisée [91].

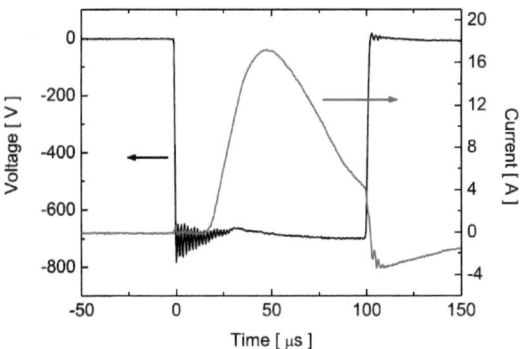

Figure II. 23 : Evolution type du courant et de la tension en HiPIMS avec une cible de Cr.

La technique HIPIMS présente de nombreux avantages. Tout d'abord elle est facile à mettre en œuvre si on dispose d'un système de pulvérisation magnétron conventionnel. Ensuite, une partie importante de la vapeur métallique est ionisée conduisant à des films plus denses [43], étant donné que le flux d'ions améliore la mobilité de surface des ad-atomes en réduisant de ce fait la porosité du film [114]. Enfin cette technique permet le contrôle du bombardement ionique par application d'une tension de polarisation au niveau des substrats. Les paramètres de l'HiPIMS sont la largeur d'impulsion qui est souvent maintenue dans la gamme 10-500 µs [82], la fréquence d'impulsions qui varie de quelques dizaines de Hz à quelques kHz [64], la tension lors de l'impulsion qui est généralement autour de 500-1000 V et la densité de courant de crête qui atteint quelques dizaines d'A.cm^{-2}. La forme du courant et de la tension sont présentés sur la Figure II. 23.

En revanche, ce procédé a aussi quelques inconvénients tels que le degré d'ionisation de la matière pulvérisée en fonction du matériau utilisé [18, 38] et la baisse de la vitesse de dépôt comparé à la pulvérisation magnétron classique (DCMS) [36, 139]. Certains auteurs estiment que la baisse de la vitesse de dépôt est principalement due à deux phénomènes physiques [81]. Tout d'abord, le phénomène de "self-sputtering" pourrait être invoqué. Si les durées d'impulsion sont trop longues, la densité d'ions métalliques devant la cible devient importante et chasse l'argon (vent de pulvérisation), les ions métalliques sont alors attirés par la cathode et pulvérisent celle-ci, on est en régime d'auto pulvérisation. Le rendement de pulvérisation est généralement inférieur avec les ions métalliques comparé aux ions argon donc la vitesse de dépôt diminue [81, 119].

II.5.2. Paramètres de l'alimentation HiPIMS et de dépôts.

Dans notre cas, nous avons utilisé une alimentation HiP3 de chez Solvix dont les caractéristiques sont récapitulées dans le   Tableau II- **6**.

Pour la réalisation des dépôts nous avons fait varier la durée de l'impulsion entre 14 et 45 µs. Le courant et la tension de décharge varient en fonction des conditions de dépôt. Les paramètres expérimentaux sont donnés dans le Tableau II-7.

Les substrats utilisés sont en verre pour l'étude de la résistivité et ITO (SOLEMS) pour les autres caractérisations. Avant tout dépôt, les substrats sont nettoyés avec un savon spécial, rincés à l'eau pure et séchés à l'azote. Pour chaque dépôt, la cible est nettoyée dans un plasma d'argon pur afin d'éliminer les impuretés à la surface de celle-ci. On estime que la cible est propre quand la tension et le courant de la cathode sont stabilisés (une dizaine de minutes environ).

Tableau II- 6 : Paramètres principaux de l'alimentation HiP3

Output Specifications	
Output Peak Power:	600 kW
Output Average Power:	5 kW
Output Peak Voltage:	1 kV
Output Peak Current:	600 A
Regulation Modes:	Voltage, Current, Power
Pulse Frequency:	50 to 1000 Hz
Pulse Duration:	10 µs to 500 µs
Accuracy / Ripple:	2 % / 2 % RMS
Arc control: reaction time	< 4 µs

Tableau II- 7 : Paramètres expérimentaux

Source d'alimentation - HiPIMS	HiP3 Solvix
Puissance décharge (W)	100
Fréquence d'impulsion (Hz)	500
Pression d'Ar pur (mTorr)	6
La pression totale (mTorr)	6,4 (soit 10,7%O2)
Substrat	2x2 cm ; ITO et verre (SOLEMS)

II.5.3. Vitesse de dépôt

La Figure II. 24 présente la vitesse de dépôt en fonction de la largeur des pulses (14 à 45 µs). La vitesse de dépôt présente un saut caractéristique au passage de l'état oxydé à métallique entre 17 et 23 µs. Pour des impulsions courtes (14-17 µs) la vitesse de croissance est faible entre 10 et 17 nm par minutes, les films sont brun foncé, présentent une faible transmission optique et sont mal cristallisés (Figure II. 26). D'après notre expérience, ces films sont non-stœchiométriques, riches d'oxygène (NiO_x avec x>1).

A partir de 18 µs de largeur de pulse, les films deviennent bruns verts et transparents. La transmission optique est considérablement améliorée.

Dans la gamme 14 - 45 µs, nous n'observons pas de phénomène d'auto-pulvérisation donc la vitesse de dépôt ne dépend que de la quantité de métal pulvérisée. Dans ces conditions, la cible n'a pas le temps de s'oxyder et nous observons une augmentation continue de la vitesse de dépôt avec la largeur d'impulsion. Quand la largeur d'impulsion augmente, il y a davantage d'atomes de nickel pulvérisés, leur probabilité d'être ionisés est donc plus élevée, le ratio ion/atome augmente [81]. Ceci a été mis en évidence par S. Konstantinidis avec une cible de titane [81].

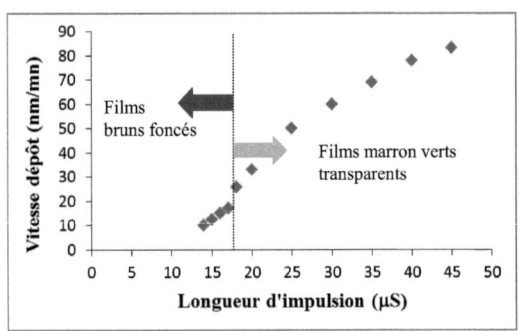

Figure II. 24 : Vitesse de dépôt en fonction de la largeur d'impulsion

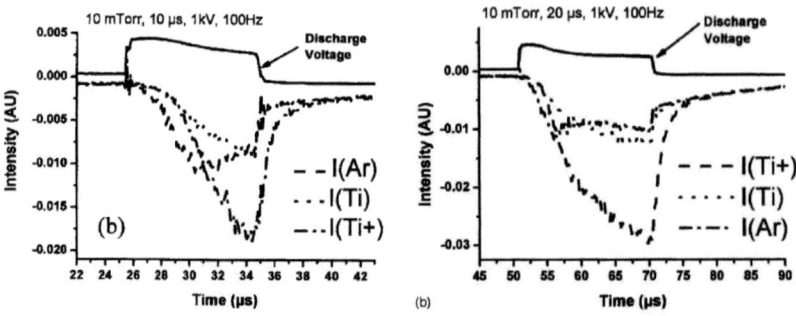

Figure II. 25 : Evolution d'intensité de la densité des espèces Ar, Ti, et Ti^+ [81]

II.5.4. Etude de la morphologie des films par DRX.

Sur la Figure II. 26 sont représentés les diagrammes DRX de films NiO_x déposés sur substrats ITO et verre. Ces diagrammes révèlent que les films NiO ont une structure cubique avec les pics correspondant aux plans (111) et (200). Le pic du plan (220) apparaît clairement à partir d'une largeur d'impulsion égale à 17 µs et le pic du plan (222) vers 25 µs.

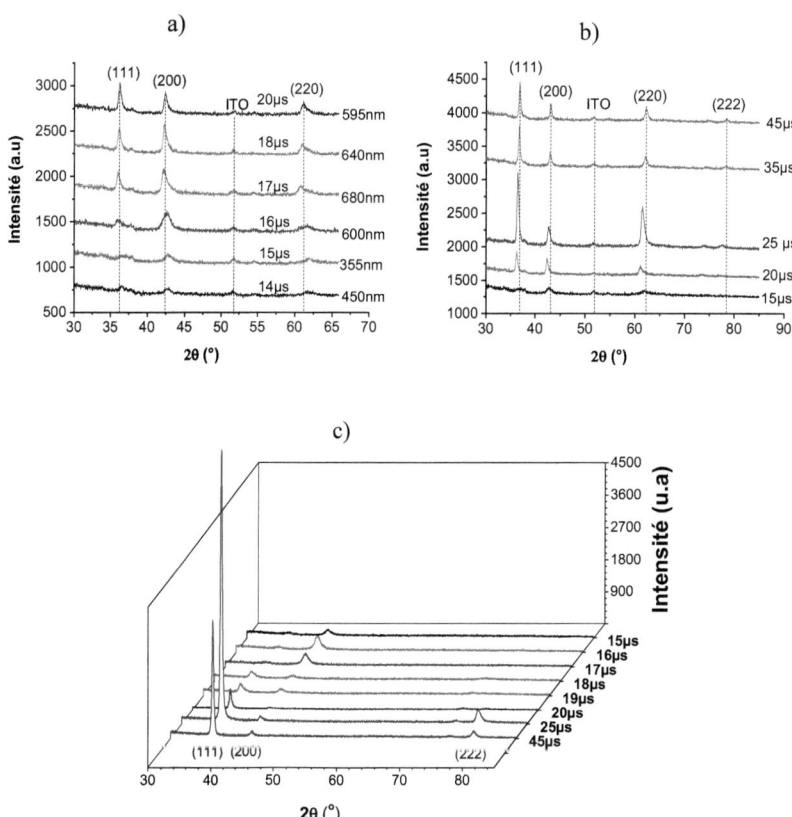

Figure II. 26 : Diagramme DRX des films NiOx en fonction de la largeur de pulse dépôt sur substrat ITO (a), (b) et substrat verre (c).

Nous retrouvons ici l'évolution de l'orientation préférentielle des films de NiO en fonction du pourcentage d'oxygène dans les films. Avant la transition cible métallique-cible oxydée, c'est à dire pour des largeurs de pulses supérieures à 20 µs l'orientation des films est clairement (111), le facteur de Lotgering atteint 0,4 pour les substrats d'ITO et dépasse 0,8 pour les substrats de verre, l'orientation (200) étant négligeable dans les deux cas de la Figure II. 27. Enfin pour de plus faibles largeurs de pulses, les films sont riches en oxygène et présentent une orientation préférentielle (200). Le facteur de Lotgering est aux environs de 0,3 pour les substrats d'ITO et proche de 0,8 pour les substrats de verre, l'orientation (111) étant négligeable dans les deux cas de la Figure II. 27.

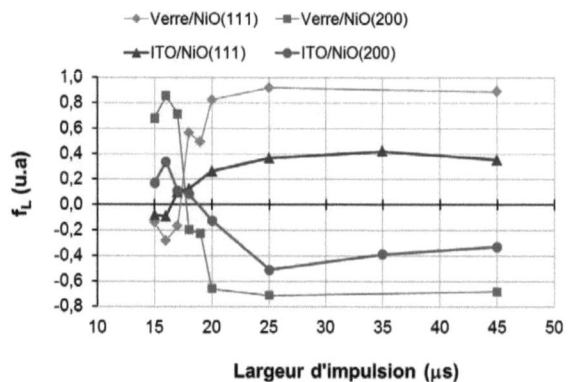

Figure II. 27 : Variation du facteur de Lotgering en fonction de la largeur de pulse et du substrat.

a) b)

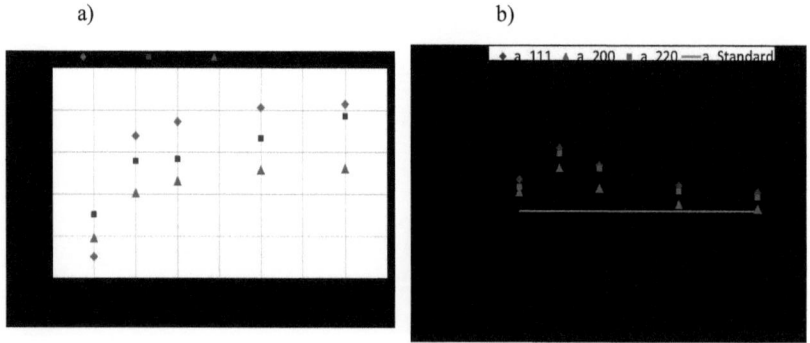

Figure II. 28 : a. Taille des cristallites et b. Paramètre de maille des films

La taille des cristallites a été calculée en utilisant la formule de Scherrer et sont montrés sur la Figure II. 28.

La taille des cristallites est relativement petite (2 à 7 nm) pour des largeurs de pulses inférieures à 20 µs, ce qui est représentatif de films riches en oxygène. Elle augmente avec l'augmentation de la largeur d'impulsion. Au-delà de 20 µs, la taille des cristallites se stabilise à 17-20, 14-19 et 10-13, pour les plans (111), (200) et (220) respectivement. Ainsi, lorsque l'on modifie la largeur d'impulsion de la source, on peut doser de manière très fine la quantité d'oxygène dans les films de NiO. Notons que pour des films riches en nickel le paramètre de maille tend vers celui de la poudre : 4,1944 (Figure II. 28 b).

II.5.5. Etude de la morphologie des films par MEB.

Pour les impulsions courtes, 15 µs (films riches en oxygène), les grains sont de petite taille et la croissance n'est pas colonnaire mais plutôt constituée de grains (a). On retrouve l'effet de l'oxygène mis en évidence dans le paragraphe 3.5. Lorsqu'on augmente la largeur d'impulsion on observe une augmentation de la taille des grains et de la rugosité de surface. La croissance est colonnaire et la texture devient plus prononcée. Cette observation est en parfait accord avec les résultats obtenus en DRX du paragraphe précédent.

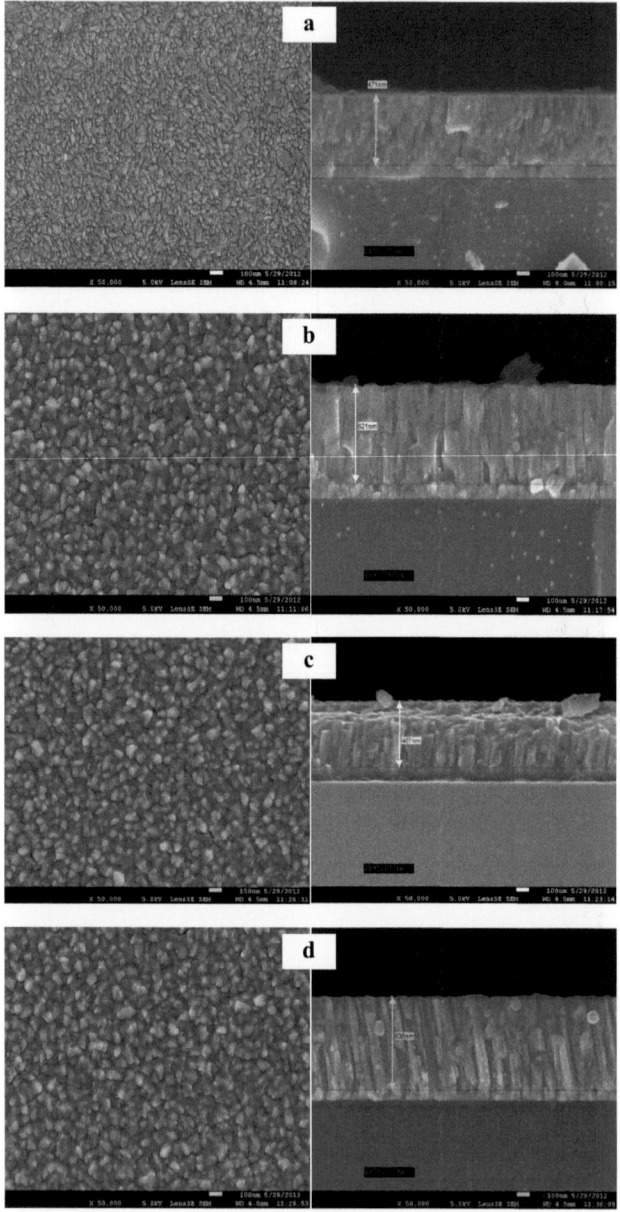

Figure II. 29 : Image MEB des films NiO en fonction de la largeur de pulse :
a. 15 µS ; b. 20 µS ; c. 30 µS ; d. 35 µS

II.5.6. Etude de la composition chimique par EDX.

L'analyse de la composition chimique des films de NiOx par EDX (Energy Dispersive X-ray Spectrometry EDX ou EDS) a été réalisée sur le MEB JEOL 7600F de l'IMN. L'énergie des électrons incidents est fixée à 5 keV et la surface balayée de 5x5 µm. À cette énergie, l'épaisseur du film sondée est de 300 nm environ donc toujours inférieure à l'épaisseur de nos films. Par conséquent, la mesure de la composition chimique du film n'est pas affectée par la composition chimique du substrat. Les résultats sont présentés sur la Figure II. 30.

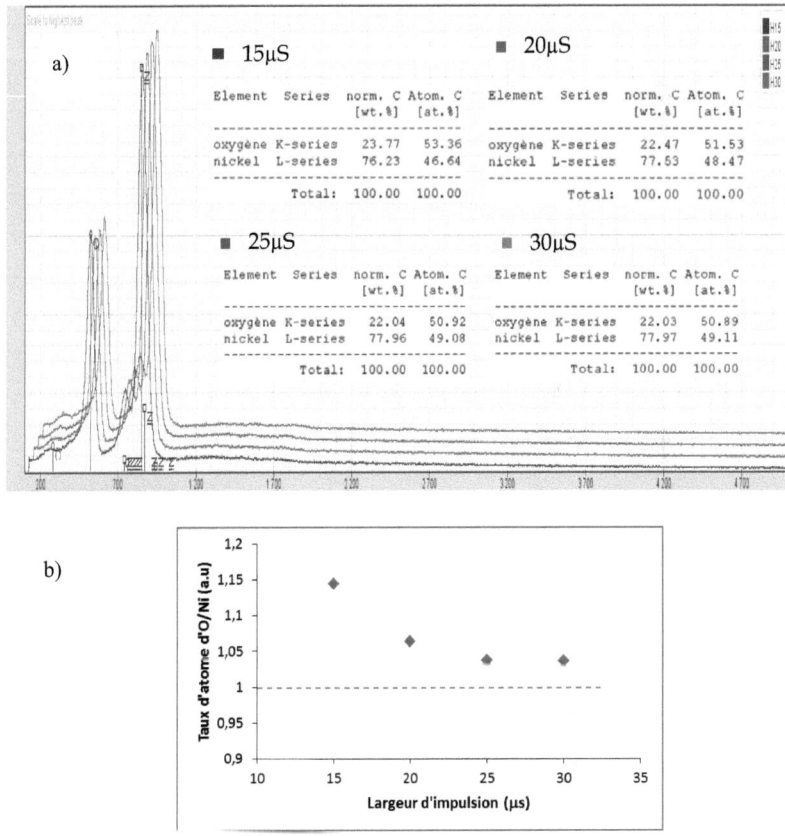

Figure II. 30 : a. Diagramme EDX, b. Rapport atomique d'O/Ni du film NiO.
Le spectre EDX montre 3 contributions : oxygène (2 keV), nickel (2,3 keV) et C (0,5 keV). Cette dernière contribution étant attribuée à la pollution de la surface

par adsorption. Nous voyons que les films de NiO sont toujours non-stœchiométriques excédentaires en oxygène, ceci étant sans doute lié à la pollution de la surface.

Par ailleurs on voit qu'il est possible par HIPIMS d'ajuster le rapport O/Ni en modifiant la largeur de pulse (Figure II. 30 b).

II.5.7. Transmission optique des films déposés par HiPIMS

Les films de NiO déposés par HIPIMS présentent de très bonnes qualités de transmission optique pourvu que la largeur de pulse soit suffisamment grande pour s'approcher de la stœchiométrie (Figure II. 31). En effet, le film réalisé avec une largeur de pulse de 45 µs (455 nm) présente une transmittance de l'ordre de 65% dans le visible et pratiquement 90% à 800nm. On parvient même à une transmittance supérieure à celle obtenue pour des films obtenus par DC suivis d'un recuit. Pour des largeurs de pulse inférieures à 20 µs la transmission optique est faible dans le visible (moins de 40%). Ceci est probablement dû à un excès d'oxygène dans le réseau cristallin, la création de vacances ou une cristallisation partielle qui conduit à une augmentation du niveau de photons absorbés.

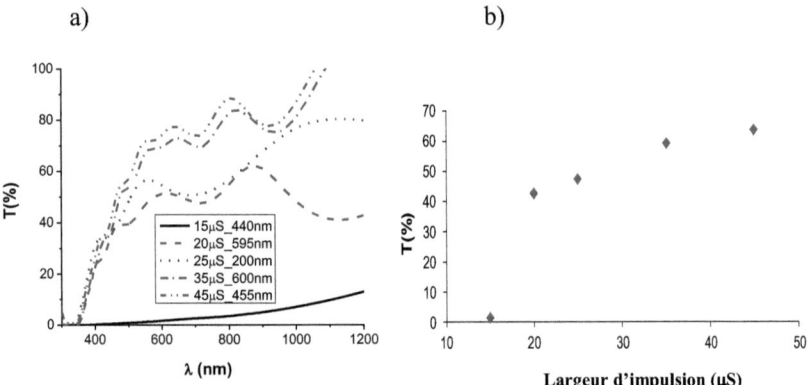

Figure II. 31 : Transmittance optique des films NiOx en fonction de la largeur de pulse :

a. spectre optique en UV-Visible et proche infrarouge ;

b. transmittance optique moyenne en visible.

La Tableau II- 8 représente l'évolution des bandes interdites, déterminées à partir de la transmittance optique, en fonction de la largeur d'impulsion. Les résultats montrent clairement l'intérêt d'utiliser l'HIPIMS pour la synthèse de films minces d'oxyde de nickel. En effet, il est possible d'adapter la largeur de la bande interdite de 3,28 à 4,18 eV rien qu'en faisant varier la largeur de pulse.

Tableau II- 8 : Evolution du gap optique du film NiOx en fonction de la largeur d'impulsion

Largeur d'impulsion (µs)	15	20	25	35	45
Bande interdite (eV)	3,28	3,56	3,65	3,91	4,18

II.5.8. Résistivité des films déposés par HiPIMS

La résistivité des films déposés par HiPIMS est présentée sur la Figure II. 32. Comme pour les films déposés par DCMS, les films sont non-stœchiométriques et toujours un bons conducteurs des porteurs de charge (positif et/ou négatif) en plus grande densité. La résistivité la plus petite (0,02 Ω.cm) a été obtenue pour une largeur d'impulsion de 15 µs, elle est égale à celle obtenue pour un film déposé par DCMS avec 19,4% O_2 (film riche en oxygène Tableau II- 3). Les résistivités augmentent avec la largeur d'impulsion. Les films presque stœchiométriques sont 10 fois moins résistifs que ceux déposés par DCMS (110 mA de courant de décharge, 10,7 % O_2), 0,36 Ω.cm au lieu de 3,89 Ω.cm.

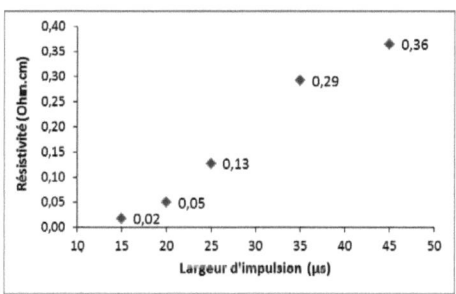

Figure II. 32 : Evolution de la résistivité des films NiOx en fonction de la largeur de pulse.

II.6. Conclusion.

Les conditions de décharge pour les dépôts par pulvérisation cathodique magnétron réactive DC (telles que la pression partielle d'oxygène et/ou d'argon) jouent un rôle déterminant sur la qualité des films de NiO. Le changement des conditions de décharge ont conduit à des variations des propriétés des films telles que la cristallisation, propriétés optiques, propriétés électriques ...

Les films obtenus par ce procédé présentent les caractéristiques suivantes:

1. Bien cristallisés à 250 nm avec une orientation préférentielle (111) ou (200),

2. Non-stœchiométriques (NiO_x) avec un coefficient x inférieur ou supérieur à 1,

3. Présentant des défauts dus à l'existence de vacances d'atome de Ni/O dans la structure du réseau,

4. Bonne transmission optique pour les films presque stœchiométriques,

5. Relativement bonne conductivité électrique.

L'effet du recuit a fondamentalement changé la nature des films NiO_x à partir de 400°C sur la cristallisation, la morphologie, les propriétés transmittances optiques ainsi que les propriétés électriques. Ceci grâce à une restructuration des films sous l'effet de températures élevées. Par l'effet de la température, les ions Ni^{2+} et O^{2-} acquièrent une énergie suffisante pour les rendre mobiles au sein du réseau en particulier dans le cas de liaisons $Ni(OH)_2$: $Ni(OH)_2$ + température $\Rightarrow$ NiO + H_2O à partir de 300°C [73, 120]. Les atomes de nickel dynamiques remplissent les sites vacants du réseau au cours de leur migration. Par conséquent, ils réduisent les défauts dans le film.

En outre, il y a migration aux joints de grains à température élevée et le phénomène de diffusion en volume devient significatif. L'orientation préférentielle des films est plus prononcée car la surface totale des joints de grains diminue [115]. Par conséquent, les films sont très bien cristallisés avec une orientation préférentielle (111) et/ou (200), la taille des cristallites est multipliée par 2 environ et les films sont plus homogènes. Après le recuit, la transmission optique des films augmente de manière significative, particulièrement pour les films en riche oxygène. La bande interdite atteint 3,9 eV, et le NiO devient presque isolant pour une température de recuit de 600°C.

Les films de NiO déposés par HiPIMS peuvent être divisés en deux catégories en fonction de l'état de surface de la cible. Nous avons montré qu'il était possible de contrôler la quantité d'oxygène dans nos films, donc sur la cible, en jouant sur la largeur des pulses. Les films de NiO déposés avec des durées d'impulsions courtes (moins de 18 µs) sont non-stœchiométriques, riches en oxygène, cristallisés selon le plan de (200) pour 250 nm d'épaisseur, possèdent une faible transmission optique et une conductivité électrique élevée. Au contraire, pour des largeurs d'impulsion égales ou supérieures à 18 µs, les films de NiO sont presque stœchiométriques, bien cristallisés avec des orientations préférentielles (111) et (200), transparents avec un gap optique atteignant 4,18 eV pour une largeur de pulse de 45 µs. Ce dernier étant ajustable par simple changement de la largeur de pulse depuis 3,28 eV jusque 4,18 eV.

Nous avons montré dans ce chapitre que, quelle que soit la méthode de pulvérisation, DCMS ou HiPIMS, nous pouvons contrôler la qualité ainsi que l'épaisseur des films de NiO pour répondre aux exigences du photovoltaïque organique.

CHAPITRE III

APPLICATION DES COUCHES MINCES TAMPON DE NiO DANS UNE CELLULE PHOTOVOLTAÏQUE ORGANIQUE

III.1. Introduction

Quelles que soient la famille de cellules photovoltaïques organiques celle basée sur les milieux interpénétrés (Bulk Heterojunctions_BHJ) ou celle qui repose sur une hétérojonction planaire (Planar Heterojunction_PHJ), la collecte des porteurs dépend du contact entre les matières organiques et les électrodes, l'hétérojonction étant basée sur le contact entre un donneur d'électrons DE (ou Electron Donor ED) et un accepteur d'électrons AE (ou Electron Acceptor_EA). L'une des exigences les plus importantes pour obtenir un rendement de conversion d'énergie élevé des cellules solaires organiques est que l'extraction des porteurs de la diode organique vers les électrodes soit efficace. La présence ou non d'une barrière d'énergie pour l'extraction des trous dépend de la différence entre le niveau d'énergie du travail de sortie de l'électrode et la plus haute orbitale moléculaire occupée (Highest Occupied Molecular Orbital_HOMO) de la matière organique donneuse d'électrons DE. Un bon accord de la structure de entre l'anode et le donneur d'électrons est nécessaire pour atteindre les meilleures performances du dispositif. Cependant l'anode la plus utilisée, l'indium oxyde d'étain (ITO) a de la difficulté à extraire les trous du donneur d'électrons, en raison de son travail d'extraction faible relativement au niveau d'énergie de l'HOMO du donneur d'électrons. Pour résoudre l'inadéquation de ces niveaux d'énergie, la modification des propriétés de surface de l'électrode est nécessaire.

Une des possibilités est l'introduction d'une couche tampon d'anode (ABL) entre l'anode d'ITO et la couche organique donneuse d'électrons. Parmi les ABL utilisées citons le PEDOT: PSS (poly (éthylènedioxythiophène): polystyrène sulfonate) [24]. Cependant, le PEDOT: PSS présente certains inconvénients tels que son peu d'efficacité pour le blocage des électrons, une mauvaise stabilité dans les conditions ambiantes et, de plus, il est corrosif pour ITO [113]. Les solutions les plus prometteuses d'ABL sont l'utilisation d'un film ultra mince d'or [12] ou d'un oxyde de métal de transition [28, 58, 129, 160]. Parmi les oxydes de métaux de transition, le NiO a été utilisé avec succès [16, 68, 113, 141, 142]. En effet, le NiO est un semi-conducteur de type p, dont le bord de la bande de valence est situé à 5,4 eV et le bord de la bande de conduction à 1,8eV [15], de telle sorte que l'alignement des niveaux d'énergie est plus graduel qu'avec l'ITO seul. Dans ce chapitre, nous montrons que l'effet de la couche tampon anodique de NiO sur le comportement des cellules solaires organiques dépend fortement des conditions de dépôt de NiO. En réalité, les films de NiO étant déposés par pulvérisation cathodique, leurs propriétés dépendent fortement des paramètres plasma comme nous avons pu le voir au chapitre II.

III.2. Réalisation de la couche tampon anodique (ABL) de NiO par PVD

III.2.1. Préparation des couches tampons de NiO sur le substrat ITO

Les substrats de verre recouverts d'ITO (SOLEMS) utilisés dans cette étude ont une épaisseur de 100 nm, leur conductivité est d'environ 25 Ω/carré, leur transmittance moyenne dans le visible est de 93%, le travail de sortie est de 4,7eV [14], la rugosité moyenne quadratique (RMS) sur une surface de 1x1µm est de 491 pm et le plus grand pic est de 5,24 nm (Figure III. 1). Après nettoyage par un savon spécifique, ces substrats d'ITO ont été rincés à l'eau déminéralisée. Ensuite, les substrats ont été séchés avec un flux d'azote, puis chargés dans une enceinte à vide où l'on procède au dépôt de NiO. Les films de NiO ont été déposés par pulvérisation cathodique magnétron réactive en DC ou HiPIMS (redéfinir) en utilisant une cible de nickel pur (99,99%) et un mélange gazeux Ar + O_2. Nous avons utilisé une cible de diamètre 2 pouces (5,08 cm).

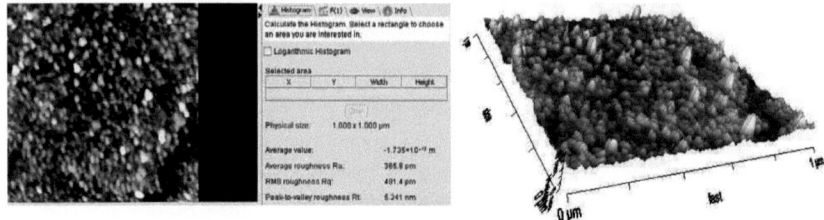

Figure III. 1 : Rugosité de la surface 1x1 µm du substrat de chez SOLEMS mesurée par AFM

Les substrats sont placés à environ 3 cm de la cible. Les gaz argon et oxygène sont introduits dans le réacteur via un débit-mètre de masse comme décrit dans le chapitre 2, où nous avons présenté la courbe de la tension en fonction du pourcentage d'oxygène dans le mélange gazeux. Le courant de décharge pendant le dépôt est soit 110mA soit 80mA. Nous avons montré au chapitre 2 qu'en fonction du pourcentage d'oxygène dans la décharge, on peut mettre en évidence 5 zones. Ces zones étant dépendantes du rapport Ni/O, elles se déplacent en fonction du courant de décharge. Nous avons également remarqué, par XPS, que les films obtenus étaient des semi-conducteurs de type p avant et après la transition du mode métallique au mode oxydé et de type n lorsqu'on était proche de la stœchiométrie.

Dans le cas de l'HiPIMS les films obtenus sont tous de type p. Le changement de la largeur de pulse entre 14 et 45 µs, nous a permis de retrouver le changement d'orientation préférentielle des films en fonction de leur teneur en oxygène et de montrer que l'on pouvait ajuster la largeur de la bande interdite. Tous nos essais ont été réalisés à 100 W, 500 Hz et 6,4 mtorr (10,7%O_2).

On sait que les performances des cellules photovoltaïques organiques dépendent de l'épaisseur de la couche tampon NiO. Ainsi, la maitrise de l'épaisseur de NiO est fondamentale. Dans le cas de largeurs d'impulsion supérieures à 25 µs, la vitesse de dépôt devient importante car nous sommes en régime métallique. Il est donc très difficile de déposer des couches très minces (4 nm). C'est la raison pour laquelle, dans cette étude, nous avons utilisé une largeur d'impulsion de 25 µs. Dans ce cas on n'utilise pas un des intérêts de l'HiPIMS qui est de pouvoir ajuster la largeur de la bande interdite.

III.2.2. Analyse des caractéristiques des couches tampon de NiO.

Au chapitre 2 nous avons caractérisé, en fonction des paramètres de dépôt, les couches minces de NiO. Sur la base de cette étude initiale, nous avons choisi de manière sélective certains films ayant des caractéristiques distinctes pour des applications dans les cellules photovoltaïques organiques. Dans un premier temps, les films minces de NiO ont été analysés : transmittance optique, niveau de fermi, rugosité de surface et la morphologie :

III.3.2.1. Transmittance optique

Les mesures optiques ont été réalisées à température ambiante en utilisant la spectrophotométrie UV/Vis/NIR (Perkin Elmer Lambda 1050). La densité optique du film est mesurée à des longueurs d'onde variant de 300 à 1200 nm.

L'analyse des propriétés optiques des couche minces de NiO sur substrat ITO réalisée dans les régions II et IV de la courbe fv (%O) montre que la transmission optique est élevée pour les 2 pourcentages d'oxygène choisis Figure III. 2. Au niveau de l'épaisseur des films, on note que dans le visible la transmittance passe de 96% à 4 nm à 84% à 20 nm (Tableau III- 1). La largeur de la bande interdite varie de 4,12 à 4,17 eV pour les échantillons 7,4% O_2 _20nm et 16,67% O_2 _4nm. Ainsi, les propriétés de transmission optiques de la couche tampon dépendent fortement de l'épaisseur de NiO et est moins affectée par le pourcentage d'oxygène dans le mélange gazeux de la décharge.

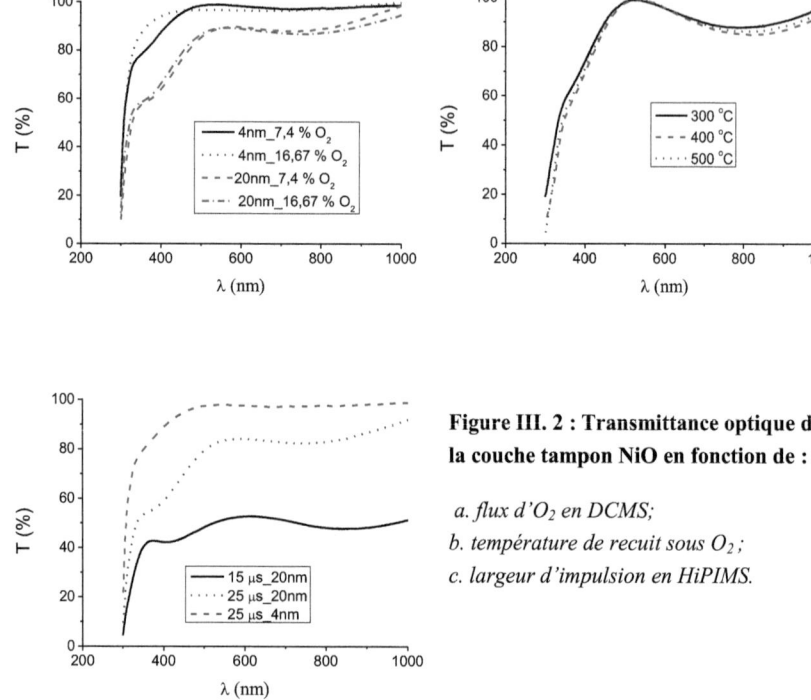

Figure III. 2 : Transmittance optique de la couche tampon NiO en fonction de :

a. flux d'O_2 en DCMS;
b. température de recuit sous O_2 ;
c. largeur d'impulsion en HiPIMS.

Les films de NiO déposés par pulvérisation DC sont transparents et présentent une large bande interdite. Ils sont donc bien adaptés pour une application comme couche tampon dans des cellules PVO. Parce que cela crée une fenêtre large favorable au passage d'une densité élevée de photons vers la couche active pour la conversion photoélectrique. En même temps elle crée un blocage pour le passage des électrons de la couche DE à l'anode (ITO) grâce à la large bande interdite placée entre les deux.

Tableau III- 1 : Transmission optique de la couche tampon NiO dans le visible de 380-780 nm.

	DCMS_sans recuit			DC_16,67%O_2 recuit sous oxygène			HiPIMS		
Etat d'échantillon	7,4%O_2		16,67%O_2	300 °C	400 °C	500 °C	15µs		25µs
Epaisseur (nm)	4	20	4	20	20			20	4	20
Transmission (%)	96	84	96	84	90	91	91	49	96	78

CHAPITRE III : APPLICATION DES COUCHES MINCES TAMPON DE NiO DANS UNE CELLULE PHOTOVOLTAÏQUE ORGANIQUE

Tableau III- 2 : Bande interdite des couches tampons NiO

	DCMS_sans recuit				DC_16,67%O_2 recuit sous oxygène			HiPIMS		
Etat d'échantillon	7,4%O_2		16,67%O_2		300 °C	400 °C	500 °C	15µs	25µs	
Epaisseur (nm)	4	20	4	20	20			20	4	20
Bande interdite (eV)	**4,17**	**4,13**	**4,15**	**4,12**	**3,97**	**4,0**	**4,09**	**4,09**	**4,17**	**4,13**

Le recuit dans le four scellé sous oxygène pendant 10 minutes de l'échantillon de 20 nm réalisé à 16,67% d'O_2 augmente la transmission optique de 84 à 91%, mais diminue légèrement la bande interdite de 4,12 eV à 3,97 eV, 4,0 eV et 4,09 eV pour les recuits réalisés à 300, 400 et 500 °C, respectivement (Tableau III- 2).

La transmission optique des couches minces de NiO déposées par HiPIMS avec une largeur de pulse de 25 µs dépend de l'épaisseur de façon identique aux couches déposées par DCMS (16,67% O_2). Pour les dépôts réalisés à 15 µs, donc plus oxydés, la transmittance est beaucoup plus faible Tableau III- 1 c. Les largeurs de bandes interdites des dépôts réalisés à 25 µs sont comparables à celles trouvées en DCMS (environ 4,15 eV) alors que pour le dépôt réalisé à 15 µs elle est de 4,09 eV.

III.3.2.2. Niveau de Fermi (E_F) et type de semi-conducteur

Les mesures XPS (Spectromètre Kratos Axis Ultra) nous permettent d'analyser la bande de valence et d'en déduire le niveau de Fermi (E_F). Cette analyse est délicate car elle fait appel aux électrons faiblement liés, il s'agit donc d'une mesure qualitative. Nous avons analysé les films minces de NiO déposés à différents taux d'oxygène et d'épaisseur 20 nm. Le canon à électron délocalisé a été utilisé pour toutes les analyses. Les résultats pour des films réalisés dans les zones II, III et IV sont présentés sur la **Error! Reference source not found.**. Pour la zone II (5.66% O_2) E_F = 1,1 eV, les films seraient de type p. Dans la zone III (7,4% de O_2) E_F = 3,5 eV, les films seraient de type n. Nous n'avons pas pu vérifier ces résultats par la méthode électrique car les signaux obtenus sur ces échantillons étaient faibles et instables. Enfin, dans la zone IV (16,67% O_2) E_F = 0,4 eV, les films sont clairement de type p.

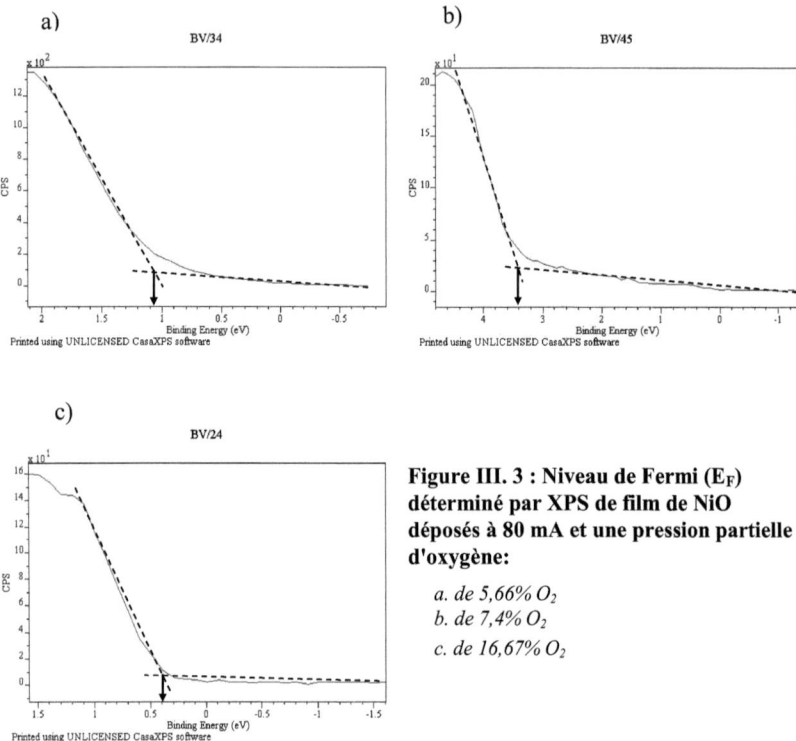

Figure III. 3 : Niveau de Fermi (E_F) déterminé par XPS de film de NiO déposés à 80 mA et une pression partielle d'oxygène:

a. de 5,66% O_2
b. de 7,4% O_2
c. de 16,67% O_2

Le type de porteur de charge majoritaire a été vérifié par la méthode électrique appelée la technique de la pointe chaude. Un fil constantan de type n a été utilisé comme échantillon de référence. La résistivité électrique et la mobilité de Hall des films ont été déterminées par des mesures à effet Hall dans une configuration van der Pauw.

III.3.2.3. Rugosité par AFM

Nous avons réalisé des images ex-situ à la pression atmosphérique et à température ambiante par microscopie à force atomique (AFM) à différents endroits du film. Toutes les mesures ont été effectuées en mode tapping (Nanowizard III, JPK Instruments). Nous avons utilisé des cantilevers classiques (type PPP-NCHR-50, nanocapteur). La constante de force moyenne et la résonance était d'environ 14 N/m et 320 kHz, respectivement. Le cantilever est excité à sa fréquence de résonance.

Lorsque l'épaisseur du film de NiO est de 4 nm, la distance pic - vallée mesurée est de 5,6 nm, pour les films réalisés à 7,4% d'O_2 (zone III, de type n) (Figure III. 4 a), tandis qu'elle est plus du double, 12 nm, pour les films réalisés à 16,67% d'O_2 (Figure III. 4 b) et les rugosités moyennes (RMS) sont de 0,32 nm et de 0,74 nm, respectivement. Lorsque l'épaisseur augmente (20 nm), la distance pic – vallée et la RMS diminuent, 7 nm et 0,44 nm respectivement pour un film réalisé à 16,67% d'O_2. Ces pics de dimension importante et distribués sur toute la surface du film, peuvent être corrélés avec les points noirs visibles sur les images obtenues en mode rétrodiffusion du MEB (Figure III. 5 d).

Pour les échantillons à 7,4% O_2 – 4nm et 16,67% O_2 – 20 nm (Figure III. 4 a et c), les pics ont des hauteurs moyennes et sont distribués de façon relativement uniforme sur toute la surface du film tandis que pour l'échantillon à 16,67% O_2-4 nm les pics sont de hauteur plus élevée et distribués aléatoirement. C'est peut-être l'une des causes du phénomène de court-circuit transitoire rencontré dans certaines cellules photovoltaïques organiques. Nous présenterons cet effet dans la prochaine section de ce chapitre.

a)

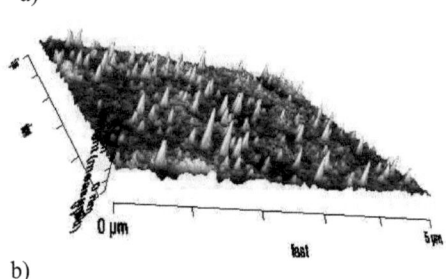

b)

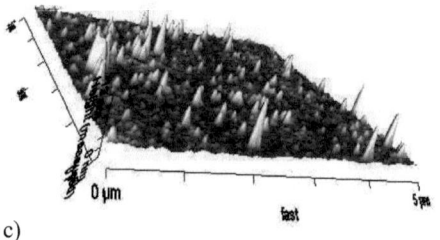

c)

Figure III. 4 : Images AFM des films NiO déposés dans les conditions :
a. pression partielle d'oxygène de 7,4% O_2 et d'épaisseur de 4nm,
b. pression partielle d'oxygène 16,67% O_2 et d'épaisseur de 4nm,
c. pression partielle d'oxygène de 16,67% O_2 et d'épaisseur de 20nm.

III.3.2.4. Morphologie par MEB et BEI

La rugosité de surface, mise en évidence par AFM, peut également être observée sur l'image de l'échantillon réalisé à 16,67% d'O_2 et d'épaisseur 4 nm. En outre, comme mentionné ci-dessus, les points noirs ont été observés sur cet échantillon et l'échantillon de 20 nm d'épaisseur à la fois de mode électrons secondaires et rétrodiffusion (Figure III. 5 d).

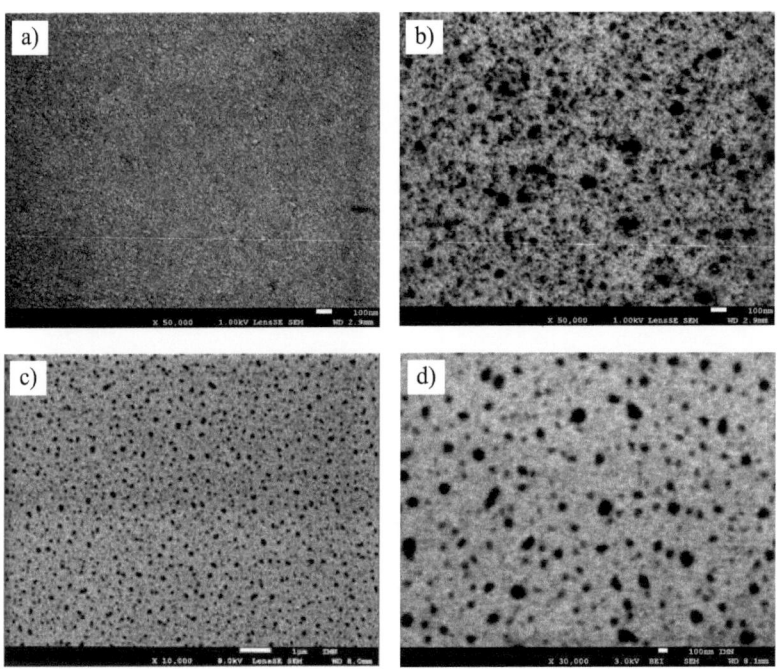

Figure III. 5: Images MEB et BEI des films NiO déposés dans les conditions suivantes:
a. pression partielle d'oxygène de 7,4% O_2 et d'épaisseur de 4nm par MEB,
b. pression partielle d'oxygène 16,67% O_2 et d'épaisseur de 4nm par MEB,
c. pression partielle d'oxygène de 16,67% O_2 et d'épaisseur de 20nm par MEB,
d. pression partielle d'oxygène de 16,67% O_2 et d'épaisseur de 20nm par BEI.

Afin d'identifier l'origine de ces points noirs, nous avons réalisé une cartographie, à l'aide de la microsonde, des surfaces visualisées (Figure III. 6). Malheureusement, les distributions de Ni et O sont homogènes et ne permettent donc pas de statuer sur la composition de ces pics, ils sont peut-être trop petits pour être visualisés par cette technique dont la résolution est limitée par l'effet du volume d'interaction en forme de poire typique de la microanalyse.

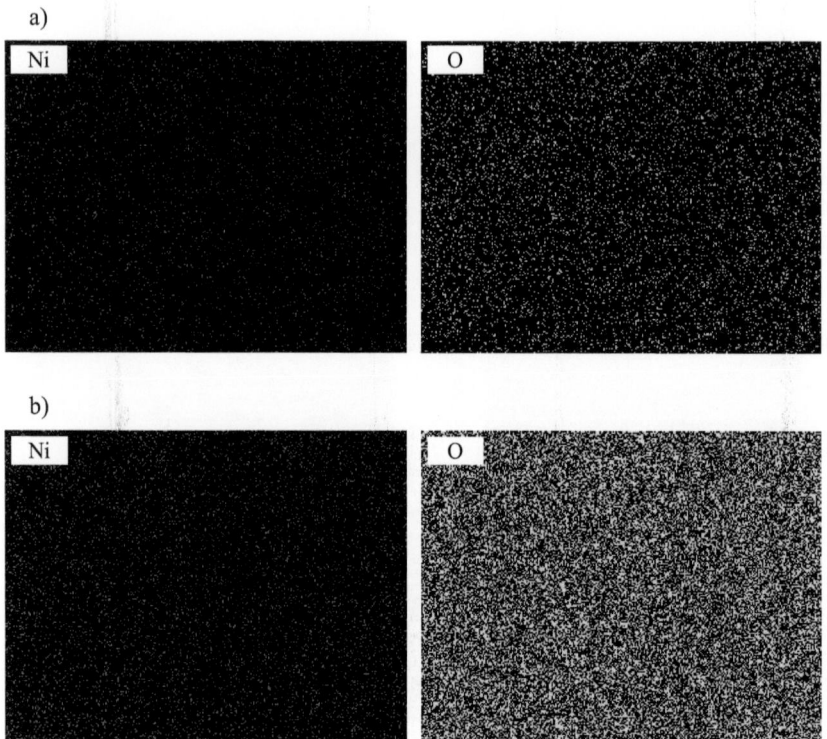

Figure III. 6: Distribution de Ni et O sur la surface des films déposées dans conditions suivantes:

a. pression partielle d'oxygène de 7,4% O_2 et d'épaisseur de 4nm par MEB,
b. pression partielle d'oxygène 16,67% O_2 et d'épaisseur de 4nm par MEB.

La verticalité des pics visualisés par l'AFM étant très forte, ils peuvent induire un effet de masquage quand ils sont étudiés par MEB en mode de rétrodiffusion. En effet, les électrons rétrodiffusés quittent l'échantillon perpendiculairement à sa surface. Par conséquent, si les pics sont très pointus, ils apparaissent en noir sur les photos, le détecteur étant incapable de détecter les électrons parallèles à la surface de l'échantillon.

Si on se réfère au processus de croissance, la structure cristalline ainsi que la stœchiométrie comme cela a été considéré dans le chapitre 2. Nous voyons sur les images

MEB (Figure III. 5 a, b,) que la surface du film déposé à 7,4% d'O_2 est plus lisse et plus homogène que la surface du film 16,67% d'O_2 pour une même épaisseur de 4 nm. Sur l'échantillon à 16,67 % d'O_2 on peut observer des points noirs. De plus, pour 2 échantillons réalisés dans les mêmes conditions mais d'épaisseur et de rugosité différentes il apparaît des point noirs. Ainsi, nous pouvons penser que les points noirs sont dûs aux conditions de dépôt.

Par ailleurs, pour l'échantillon à 16,67% O_2 qui est riche en oxygène, la vitesse de dépôt est faible (14 nm/mn pour un courant de décharge de 110 mA et 10nm/mn pour 80mA) et présente des défauts dans la structure cristalline liés aux lacunes d'ions Ni^{2+} dans le réseau cubique à faces centrées du NiO. En outre, le processus de croissance et la coalescence se produisent plus lentement. Il est possible que les points noirs qui apparaissent sur les échantillons à 16,67% O_2 (de 4 nm et de 20 nm) soient liés à des ilots amorphes ou faiblement cristallisés créés au début de la croissance.

III.3. Elaboration des cellules photovoltaïques

III.3.1. Cellule photovoltaïque avec une couche tampon cathodique uniquement.

⬛ *Structure et rendement de la cellule photovoltaïque.*

Nous avons réalisé une jonction classique basée sur la jonction phtalocyanine de cuivre (CuPc)/fullerène (C_{60}) et nous avons utilisé une couche tampon BCP (ou Alq3) entre la couche accepteuse d'électrons, le C_{60}, et la cathode en Al. Enfin, nous avons déposé un couche de Se (encapsulation interne) pour prévenir une contamination des matériaux organiques par l'humidité de l'environnement. Une structure complète verre/ITO/CuPc/C_{60}/BCP(Alq3)/Al/Se est présentée sur la Figure III. 7. Les couches de CuPc, C_{60}, BCP (ou Alq$_3$), Al et Se ont été déposées par évaporation thermique simple (effet Joule). Toutes les couches sont mises en œuvre sous un vide de 10^{-4} Pa. Les vitesses de dépôt de couches minces et l'épaisseur ont été estimées in-situ avec une micro-balance à quartz. La vitesse de dépôt était de 0,05 nm/s dans le cas de CuPc, 0,05 nm/s dans le cas de C_{60} et 1 nm/s pour Alq$_3$.

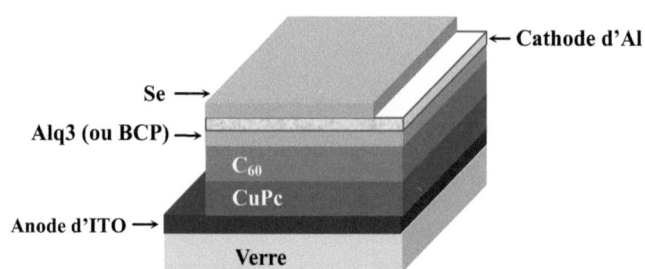

Figure III. 7 : Structure PVO à le base de CuPc/C60

Pour une cellule photovoltaïque, les porteurs de charges doivent se concentrer dans le donneur d'électrons pour ce qui concerne les trous et dans l'accepteur d'électrons pour ce qui concerne les électrons. L'existence d'un courant de fuite d'électrons qui traversent l'interface ITO/CuPc et/ou de trous à l'interface C_{60}/Al est l'une des causes de réduction de la densité de courant Jcc, de la tension Vco, du facteur de forme FF et du rendement de la cellule PVO.

L'effet de l'interface C_{60}/Al a été étudié en détail par J.C. Bernède et al [14]. Lorsque la bicouche C_{60}/Al est exposée à l'air il y a formation d'une fine couche d'Al_2O_3 au niveau de l'interface. Il en résulte une augmentation de la résistance parallèle et de la tension Vco ainsi que du rendement. Ce phénomène a été étudié par Singh et al [136, 137]. Toutefois, les effets positifs sont rapidement limités par l'augmentation de la résistance série lorsque l'épaisseur de la couche d'oxyde augmente.

De fait, ce problème a été résolu en utilisant une couche tampon qui bloque les excitons (EBL), Alq$_3$ ou BCP, ayant une bande interdite élevée [116, 127]. L'EBL est suffisante pour confiner l'exciton photo-généré au domaine proche de l'interface où la dissociation doit avoir lieu et empêche la destruction de l'exciton au niveau de l'interface organique/cathode (C_{60}/Al). En outre, il limite le volume sur lequel les excitons peuvent diffuser.

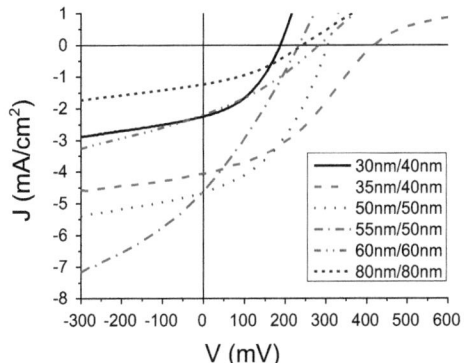

Figure III. 8: Courbe J-V de la cellule PVO de Verre/ITO/CuPc/C60/Alq$_3$/Al en fonction de l'épaisseur de couche CuPc/C$_{60}$

Avant de considérer les effets de la couche tampon de NiO sur la performance des cellules PVO, nous avons optimisé les paramètres ainsi que l'épaisseur de toutes les couches de la cellule PVO. Les courbes de J-V et les paramètres de la cellule PVO sont présentés sur la Figure III. 8 et dans le Tableau III- 3.

La Figure III. 8 présente les courbes J-V de l'hétérojonction sous lumière AM1.5. Dans ce contexte, nous ne présentons pas les effets de l'épaisseur de la couche active dont nous avons optimisé l'épaisseur avant d'étudier l'influence de la couche tampon NiO.

Les résultats sont présentés dans le Tableau III- 3, nous obtenons une épaisseur optimale de la couche active (CuPc/C$_{60}$) de 35nm/40nm qui nous a permis d'obtenir le rendement le plus élevé de 0,63. Ces épaisseurs correspondent aux résultats de J. C. Bernède obtenu au cours d'une étude précédente. Cependant, la densité de courant est inférieure à son résultat : 4 mA/cm^2 au lieu de 7,75 mA/cm^2, peut être dû à l'épaisseur de la couche Alq$_3$.

Tableau III- 3 : Paramètre de la cellule PVO Verre/ITO/CuPc/C$_{60}$/Alq3/Al en fonction de l'épaisseur de la couche CuPc/C$_{60}$

Epaisseur de CuPc/C60 (nm)	Jcc (mA)	Vco (mV)	FF (%)	n (%)	Rs	Rp
30/40	2,3	185	40	0,17	31	236
35/40	4	415	38	0,63	12	487
45/50	4,6	305	41	0,58	9	333
55/50	4,6	235	29	0,31	9	97
60/60	2,2	282	32	0,2	29	261
80/80	1,2	242	39	0,12	46	546

III.3.2. *Caractéristique d'une cellule PVO en utilisant la couche tampon anodique de NiO (ABL).*

L'un des facteurs clés qui influe directement sur les performances de la PVO qu'il faut mentionner est celui de l'interface entre les anode/semi-conducteur organique. Au cours des dernières années, il a fait l'objet de nombreuses recherches. Un paramètre important de l'interface d'anode/organique est la concentration de la charge positive du semi-conducteur organique à l'anode, tel que mentionné dans le chapitre 1. Toutefois, une barrière de potentiel est toujours présente à l'interface du fait de la différence entre le travail de sortie de l'anode et l'HOMO du semi-conducteur organique [74, 127]. Lorsque la différence est grande cela va entraîner une résistance de contact plus élevée, ce qui augmente la résistance série (Rs), réduit la densité de courante (Jcc) et diminue la performance de la cellule PVO.

Une première solution de traitement à l'acide phosphorique de la surface d'ITO a été mise en œuvre par Johnev et al [72]. Elle a permis d'augmenter les performances des PVO de 1,2 à 1,5%. Une autre solution consiste à augmenter le travail de sortie de l'ITO de 1 eV par traitement plasma (Nuesch et al [106]). Ces dernières années, l'utilisation d'une couche tampon mince (de quelques nanomètres à quelques dizaines nanomètres) de métal ou d'oxyde pour améliorer l'interface ITO/Organique est considérée comme la solution la plus efficace.

Dans notre étude, l'utilisation de la couche mince de NiO joue le rôle d'une couche permet une bonne collecte des trous car elle adapte la structure de bande à l'interface et qui bloque les électrons de fuites du DE à l'anode ITO Tableau III- 9. Cependant, son effet est très dépendant des conditions de dépôt comme la pression partielle d'oxygène et d'argon dans le mode DC, ou la largeur d'impulsion dans le mode HiPIMS et il dépend aussi de l'épaisseur de couche... En plus, le recuit a une influence directe sur les paramètres des cellules PVO.

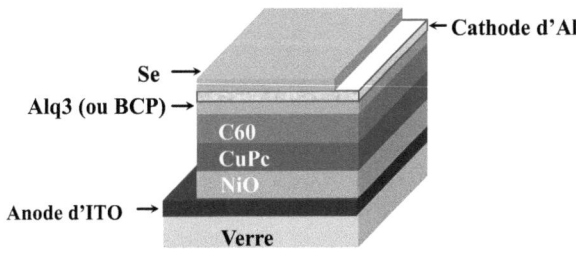

Figure III. 9: Structure PVO complète Verre/ITO/NiO/CuPc/C$_{60}$/Alq$_3$/Al/Se

♣ Niveaux d'énergie des matériaux utilisés dans la structure NiO/ITO.

La plupart des mesures de photoémission publiées sont effectuées sur des structures réalisées dans des conditions expérimentales qui sont considérablement différentes de celles utilisées pour les cellules photovoltaïques organiques. En effet, pour la spectroscopie de photoélectrons ultraviolets (UPS), la plupart des couches de l'hétérojonction, à l'exception du film de TCO, sont déposées dans l'ultravide, ce qui est très différent des conditions expérimentales utilisées par la technologie des cellules photovoltaïques organiques classiques. Ces conditions expérimentales différentes peuvent provoquer des écarts importants dans les valeurs de discontinuités de bandes mesurées. Par conséquent, dans le présent travail, nous étudions les propriétés des contacts ITO/NiO réalisés dans les conditions que nous avons utilisées pour nos cellules photovoltaïques organiques. En effet, nous avons déjà montré que nos couches de NiO déposées par DCMS peuvent être de type p ou n suivant leurs conditions de dépôt.

Les propriétés de transport de charge dans les cellules photovoltaïques organiques dépendent fortement des caractéristiques des interfaces : hauteur de la barrière de potentiel, présence d'états d'interface et discontinuités de bandes. Les différences de valeurs des bandes interdites des matériaux au niveau de l'interface sont réparties entre la discontinuité des bandes de valences (BV), ΔE_v, et des bandes de conductions (BC), ΔE_c.

ΔE_v (ΔE_c) est positif (négatif) lorsque le bord de la bande de valence (de conduction) du semi-conducteur à large bande interdite est situé au-dessous de celui du semi-conducteur de plus petite bande interdite [10]. Pour mesurer ΔE_v (ΔE_c) deux méthodes basées sur des mesures XPS peuvent être utilisées [69]. Dans la première, on enregistre le spectre XPS de la bande de valence de la couche inférieure puis ceux mesurés lors du recouvrement progressif de cette couche par la couche supérieure. Pour un recouvrement intermédiaire (1,5-3 nm) les deux bords de bandes de valence sont visibles et il est possible de mesurer directement ΔE_V par extrapolation linéaire des deux bords de bandes. Cette méthode est directe, mais ne peut être appliquée à toutes les interfaces. La seconde méthode, connue sous le nom de technique semi-directe, est moins directe, mais elle peut être appliquée à toutes les interfaces. Elle permet l'étude des interfaces réelles obtenues avec les procédés de dépôt utilisés pour obtenir les cellules photovoltaïques organiques, comme le dépôt chimique par exemple [10]. C'est la technique que nous avons utilisé dans ce travail. Elle nous permet d'estimer les discontinuités de bandes, ΔE_v, à l'interface de l'hétérojonction NiO/ITO. Les mesures ont été répétées sur différents échantillons pour vérifier leur validité.

Afin de déterminer avec précision les décalages de bande, nous avons mesuré l'énergie de liaison des raies In_{4d} et Ni_{3p} ainsi que le niveau maximum de la bande de valence (BVM), E_v. La précision de cette méthode est de 0,05 eV environ pour chaque mesure. ΔE_v et ΔE_c à l'interface de l'hétérojonction NiO/ITO sont donnés par les équations suivantes :

$\Delta E_v = (E_{Ni\,3d} - E_{v\_NiO}) - (E_{In\,4p} - E_{v\_ITO}) - \Delta E_{CL}$ **(Equation III-1)**

$\Delta E_c = \Delta E_v - E_{g\_NiO} + E_{g\_ITO}$ **(Equation III-2)**

Où $E_{Ni\,3d}$ (E_{In4d}) est l'énergie de liaison en volume de NiO (ITO), E_{v_NiO} (E_{v_ITO}) est la valeur maximale, BVM, en volume de NiO (ITO), et ΔE_{CL} est la différence d'énergie entre les niveaux In_{4d} et Ni_{3d} aux interfaces NiO/ITO. On peut déterminer E_{Ni3p} (E_{In4d}) et E_{v_NiO} (E_{v_ITO}) du film de NiO (ITO). ΔE_{CL} est obtenue à partir du spectre XPS d'un échantillon NiO/ITO d'une couche de NiO épaisse de 4 nm.

La validité de cette méthode d'analyse indirecte a été vérifiée par Chichibu et al. [69] et Hashimoto et al. [10] pour les matériaux inorganiques.

Les figures III.10 et III.11 montrent des spectres XPS typiques. La figure III.10 permet de vérifier le type des porteurs majoritaires de l'ITO. La valeur absolue de l'énergie a été corrigée en utilisant le signal C 1s du carbone (C 1s = 284,8 eV). L'ITO est de type n. Nous pouvons déterminer la différence d'énergie ΔE_{CL} à partir de la figure III. 3. Le film d'ITO est un OTC de type n^+ et donc les contacts n^+-ITO/p (ou n)-NiO constituent des hétérojonctions abruptes. Il est connu que, dans le cas des hétérojonctions abruptes, soit, dans le cas d'un contact entre un métal ou un semi-conducteur dégénéré et d'un semi-conducteur, la zone appauvrie est entièrement située dans le semi-conducteur [11, 104]. Cela indique que la condition de bande plate est respectée dans l'ITO lors de son recouvrement par NiO et les modifications lors de la formation du contact apparaissent sur la structure de bandes de NiO. Cette hypothèse sera discutée plus attentivement ci-dessous.

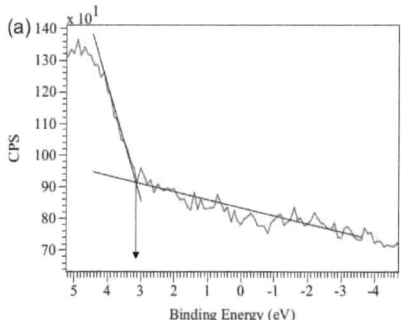

Figure III. 10. Energie bande de valence

Tout d'abord, le fait que la bande interdite de nos films minces de NiO soit 4,17eV pour NiO 7,4 % O_2, 4,15 eV pour NiO 16,67% eV et 3,7 eV pour l'ITO, tandis que E_{v_NiO} = 3,5 eV pour le type n (7,4% de O_2) et 0,4 eV pour le type p (16,67% O_2) (Figure III. 3) et E_{v_ITO} = 3,10 eV, signifie que, à la surface de la couche d'ITO, le niveau de Fermi, E_F, est inférieur au minimum de la bande de conduction. En effet, la position de E_F par rapport au bord de la bande peut être déterminée directement à partir de la valeur, Ev, du maximum de la bande de valence, sachant que l'énergie de liaison de valeur zéro correspond à la position de E_F. Ce résultat est inattendu puisque, comme le montre la lente augmentation de sa résistance avec la température, l'ITO est dégénéré. Cependant, l'expérience a montré que la chimie de surface des OTCs est difficile à contrôler [7].

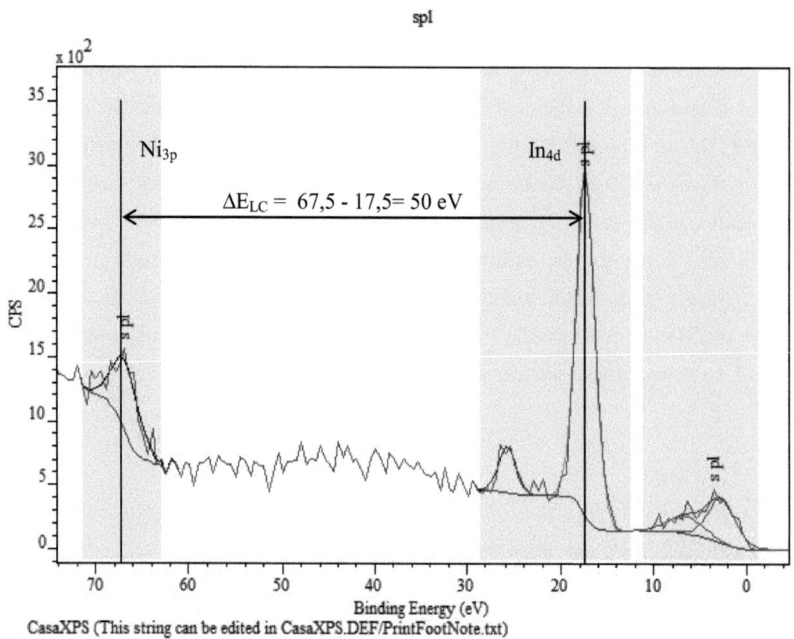

Figure III. 11. Exemple de spectres XPS d'hétéro-structures de NiO(type n)/ITO

Comme dit plus haut, l'ITO utilisé dans le présent travail est seulement nettoyé avec du savon, puis rincé à l'eau distillée, et par conséquent, il n'est pas complètement dégénéré à la surface des films, alors qu'il l'est en volume. En effet, la surface de l'ITO est hydrophile et il a été démontré que les surfaces d'ITO sont terminées par les oxydes hydrolysés, y compris, $In(OH)_3$, $In(OOH)$, qui se forment immédiatement après l'exposition de la surface d'ITO à l'atmosphère [7]. Cette contamination peut expliquer le fait que, à la surface les films d'ITO ne soient pas dégénérés, alors qu'ils le sont en volume. Une telle différence apparente entre les niveaux de Fermi en surface et en volume a déjà été démontrée. Elle est attribuée à un dépeuplement de porteurs en surface [156].

Selon les équations III.1 et III.2, nous avons mesuré la discontinuité ΔE_v des bandes de valence et la discontinuité ΔE_c des bandes de conduction à l'interface de l'hétérojonction NiO/ITO. Ces valeurs sont présentées dans le tableau III-4, 5 et la figure III.12.

La Figure III.12 représente le diagramme des bandes d'énergie de l'hétérostructure de NiO/ITO en fonction des paramètres de bandes. Ce diagramme de bande nous permet d'estimer ΔE_v à 0,4 eV et ΔE_c à 0,87 eV pour NiO type n, alors que pour le NiO de type –p (16,67% O_2) nous avons : ΔE_v= -2,7 eV et ΔE_c= -2,25 eV.

Tableau III- 4 : Energies de liaison et de bande interdite de NiO type n

	NiO (type n_7,4% O_2)	
ITO	$E_{In\,4d}$ (eV)	17,5
	E_{v_ITO} (eV)	3,1
	E_{g_ITO} (eV)	3,7
	$E_{In\,4d} - E_{v\_ITO}$ (eV)	14,4
NiO	$E_{Ni\,3p}$ (eV)	67,5
	E_{v_NiO} (eV)	3,5
	E_{g_NiO} (eV)	4,17
	$E_{Ni\,3p} - E_{v\_NiO}$ (eV)	64,0
NiO/ITO	ΔE_{CL} (eV)	50,0
	ΔE_v (eV)	0,4
	ΔE_c (eV)	0,87

Tableau III- 5 : Energies de liaison et de bande interdite de NiO type p

NiO (type p_16,67% O2)		
ITO	$E_{In\,4d}$ (eV)	17,0
	E_{v_ITO} (eV)	3,1
	E_{g_ITO} (eV)	3,7
	$E_{In\,4d} - E_{v\_ITO}$ (eV)	13,9
NiO	$E_{Ni\,3p}$ (eV)	67,0
	E_{v_NiO} (eV)	0,4
	E_{g_NiO} (eV)	4,15
	$E_{Ni\,3p} - E_{v\_NiO}$ (eV)	66,6
NiO/ITO	ΔE_{CL} (eV)	50
	ΔE_v (eV)	-2,7
	ΔE_c (eV)	-2,25

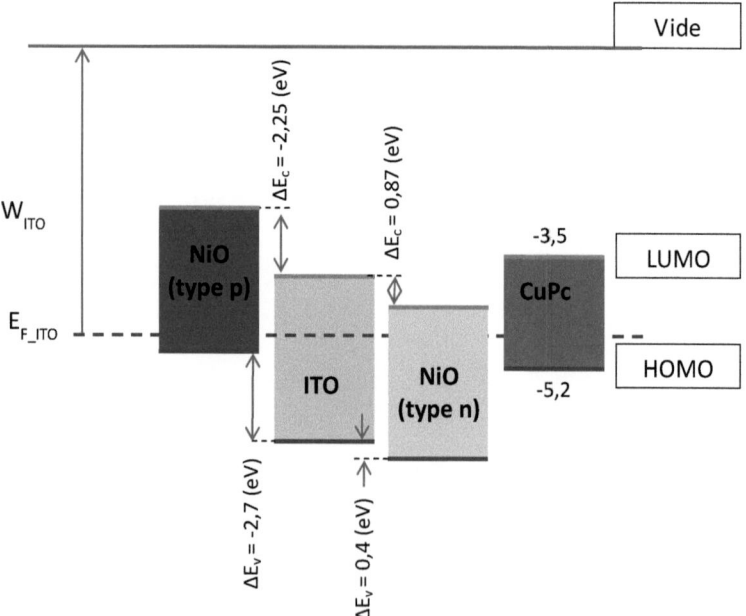

Figure III. 12 : Schéma de la bande d'énergie à l'interface NiO/ITO.

Le travail de sortie de l'ITO, mesuré à l'atmosphère à l'aide d'une sonde de Kelvin est W_{F_ITO}= 4,8 eV, qui est 5,3 eV de NiO (type n)/ITO.

Pour le NiO de type p, le maximum de sa bande de valence est de 5,3 eV, il permet une amélioration de l'accord de bandes de entre l'anode ITO, dont le travail de sortie W_{F_ITO} n'est que de 4,8 eV et la HOMO du donneur d'électrons (CuPC, HOMO de 5.2 eV). Dans le cas de NiO type p, la configuration du système de bande de l'interface NiO/ITO est différente de celle de NiO (type n)/ITO (Tableau II-4). Nous sommes donc au niveau de l'interface avec ITO, en présence de deux structures de couches tampons de NiO très différentes et pourtant également efficaces en ce qui concerne l'amélioration du rendement des OPVCs.

III.3.2.1. Influence des conditions de dépôt du NiO.

On sait que la rugosité de surface de l'électrode peut influer sur le rendement des cellules photovoltaïques organiques. D'une part, une surface rugueuse peut induire une grande interface entre l'DE et l'AE, ce qui peut améliorer l'efficacité de séparation de charge et donc le courant du PVO. D'autre part, une trop forte rugosité de l'électrode inférieure peut provoquer une fuite de courant dans le dispositif, ce qui diminue la résistance shunt de la diode et par conséquent les performances de la cellule PVO [37]. De plus la morphologie du film de NiO peut être gérée par les conditions de dépôt utilisées. Nous avons déposé les films de NiO avec des pressions partielles d'oxygène différentes pour mettre en évidence l'effet de la morphologie de la couche sur les caractéristiques de la cellule PVO. Nous avons également étudié l'influence de l'épaisseur du film de NiO et du recuit sur les performances de la cellule PVO.

Des films minces déposés par pulvérisation cathodique magnétron réactive (DC) ont été utilisés comme couche tampon du côté de l'anode dans les cellules photovoltaïques organiques (PVO) basées sur les hétérojonctions planaires CuPc/C_{60}, comme nous l'avons présenté au chapitre II et la partie 3.2 ci-dessus dans ce chapitre. Tout d'abord, nous montrons que les propriétés des films NiO dépendent de la pression partielle d'O_2 pendant le dépôt par les méthodes DC et HiPIMS. La morphologie de ces films dépend beaucoup de la pression partielle d'O_2. Lorsque le film NiO est de 4 nm d'épaisseur, la hauteur pic - vallée est de 5,6 nm, pour un pourcentage d'oxygène de 7,4, tandis qu'elle est plus du double (12,6 nm), lorsque que la pression partielle d'oxygène est de 16,67 %. Cette rugosité implique un courant de fuite dans la diode et un processus de formation, à savoir une diminution du courant de fuite, est nécessaire pour les cellules PVO. Le processus de formation n'est pas nécessaire si l'ABL de NiO a une épaisseur de 20 nm. Dans ce cas, il est démontré que l'efficacité de conversion optimale est obtenue avec NiO ABL recuit 10 min à 400 °C.

Tout d'abord, nous avons étudié l'influence de la pression partielle d'O_2 sur les caractéristiques J-V des PVO de Verre/ITO/NiO(x nm)/CuPc(35 nm)/C_{60}(40 nm)/Alq_3 (9 nm)/Al(100 nm). Les caractéristiques typiques sont présentées dans la Figure III. 13 (16,7% O2, NiO type p), et la Figure III. 14 (7,4% O2, NiO type n) le film de NiO étant d'une épaisseur de 4 nm.

On voit qu'il y a une amélioration des performances OPV avec le temps pendant les premières minutes d'exposition à la lumière dans le cas de NiO type p. Il existe une sorte de "processus de formation» pour chaque cycle, qui consiste en une diminution du courant de fuite de la diode. A l'obscurité, pour le premier cycle, le courant est ohmique. Sous éclairement, il y a une forme de commutation du comportement ohmique à un effet redresseur. Ensuite, il y a une augmentation de la résistance shunt pour chaque cycle puis elle se stabilise après 10 minutes d'exposition à la lumière (AM 1,5), le rendement augmente de 1,48% à 1,70%.

Il faut noter que si le processus de formation, à savoir l'augmentation de la résistance shunt, est plus rapide sous la lumière, il est également actif dans l'obscurité.

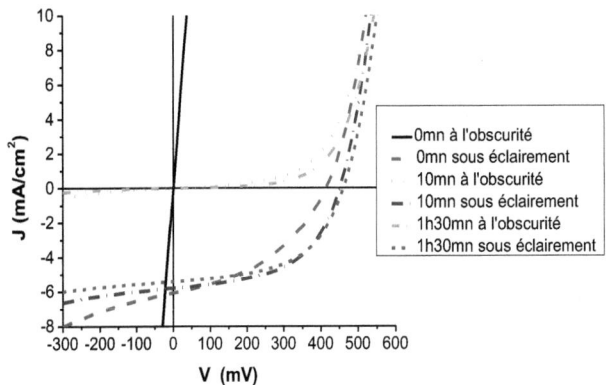

Figure III. 13: Les caractéristiques J-V d'une cellule avec une ABL de NiO déposée dans les conditions suivantes:
- *Courant de décharge de 80mA, de 16,67% d'O_2 et 4 nm d'épaisseur.*
- *Les différents cycles ont été mesurés après une exposition continue 10mn et 1h30mn à sources de lumière AM1.5*

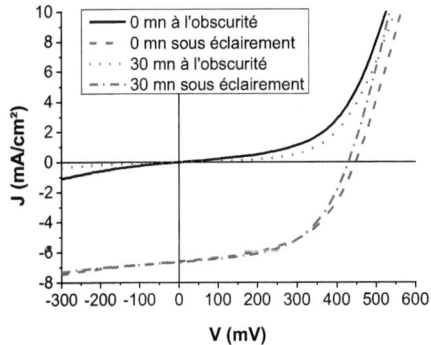

Figure III. 14: Caractéristique J-V d'une cellule avec une ABL de NiO déposée dans les conditions suivantes:
- *Courant de décharge de 80mA, de 7,4% d'O_2 et 4 nm d'épaisseur.*
- *Les différents cycles ont été mesurés après une exposition continue 30mn à sources de lumière AM1.5*

Tableau III- 6 : Processus de formation sous éclairement des cellules PVO avec un film mince NiO, de 4 nm d'épaisseur, les cellules PVO sont soumises à une exposition continue à la lumière.

$T_{Exposition}$ (mn)	Vco (V)	Jcc (mA/cm^2)	FF (%)	η (%)	Rs (Ω)	Rp (Ω)
NiO, type p, 4 nm (Figure III. 13)						
0	0.460	6.21	55	1.48	3	185
10	0.470	6.16	58	1.70	3	620
90	0.490	5.84	58	1.67	4	755
NiO, type n, 4 nm (Figure III. 14)						
0	0.45	6.6	53	1.56	9	500
30	0.43	6.7	54	1.55	13	475

Dans la Figure III. 15, on représente les courbes J-V d'un échantillon qui est soumis à des cycles électriques dans l'obscurité (11 fois) et ensuite, 1 heure après, l'échantillon est soumis à un nouveau cycle dans l'obscurité et sous AM1.5. On peut voir qu'il y a une transition lente de la caractéristique ohmique vers un effet redresseur.

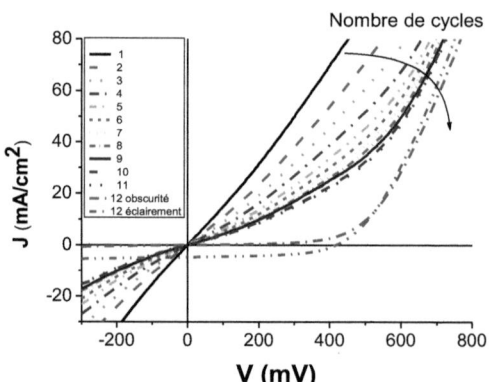

Figure III. 15: Caractéristique J-V d'une cellule avec une ABL de NiO déposée dans les conditions suivantes:

- *Courant de décharge de 80 mA, épaisseur de 4 nm et pourcentage d'oxygène de 16,67%.*

De la même manière, lorsque les mesures sont faites sous la lumière, on peut voir dans la Figure III. 16 que lorsque les échantillons sont stockés dans l'obscurité entre chaque mesure, la formation des PVO est plus progressive, mais l'efficacité stabilisée est légèrement supérieure à celle obtenue après illumination continue (Tableau III- 7). Dans le cas NiO de type n, il n'y a pas de processus de formation (Figure III. 13), le PCE est de 1,75%.

Les différents cycles ont été mesurés immédiatement après réalisation la cellule PVO, et éclairement sous AM1.5 de 10 minutes et de 90 minutes. Après chaque mesure, les cellules PVO ont été placées dans une boîte fermée à l'obscurité à la température ambiante.

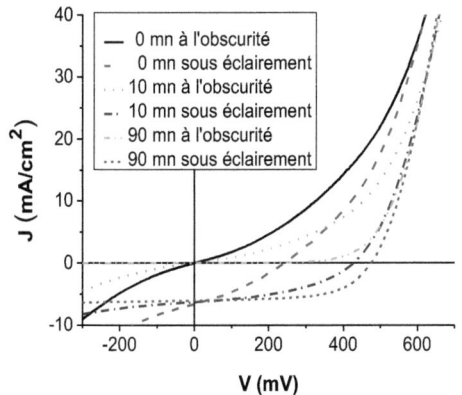

Figure III. 16: Caractéristiques J-V d'une cellule avec une ABL de NiO déposée dans les conditions suivantes:
- *Courant de décharge de 80 mA, épaisseur de 4 nm et pourcentage d'oxygène de 16,67%.*

Tableau III- 7 : **Les différents cycles ont été mesurés après réalisation la cellule PVO, et éclairement sous AM1.5 de 10 minutes et de 90 minutes (Figure III. 16).**

$T_{Exposition}$	Vco (V)	Jcc (mA/cm^2)	FF (%)	η (%)	Rs (Ω)	Rp (Ω)
0	0.25	6.45	32	0.51	3.5	45
10	0.43	6.28	43	1.16	3.5	170
90	0.48	6.03	61	1.75	2.5	930

Ces procédés de formation ont déjà été décrits dans les diodes électroluminescentes organiques (OLED) [13] ce n'est pas le cas pour les cellules PVO. Dans le cas des OLED, il apparaît parfois, pour de faibles tensions, des courants de fuites importants. Lorsque le courant augmente fortement, il y a des effets de micro commutation irréversibles [22]. Ces effets de résistance différentielle négative (NDR) induisent la variation de courant de plusieurs ordres de grandeurs. De telles NDR sont généralement attribuées à la présence de courts-circuits induits par la rugosité de la surface. Il se trouve que la probabilité d'apparition de NDR diminue nettement avec l'augmentation de l'épaisseur de la couche tampon [10].

Un tel raisonnement peut s'appliquer ici pour nos cellules. En fait, quand il est épais de seulement 4 nm, le film de NiO ne peut pas recouvrir complètement le film d'ITO. Ainsi, la différence de comportement des cellules en utilisant un ABL de NiO 4 nm d'épaisseur peut être liée à différentes morphologies des films. Quand il est déposé sous 16,67% O_2 d'oxygène (NiO de type p) la hauteur du pic est plus du double de celle obtenue avec une pression partielle d'oxygène de 7,4 (NiO de type n). Par conséquent, le dépôt sous vide des couches organiques pourrait être considérablement affecté par «l'effet d'ombrage» occasionné par ces pics. Plus l'anode devient rugueuse, plus il serait difficile pour la couche organique de couvrir de façon complètement uniforme l'anode et la cathode peut être, dans des sites très petits, en contact direct avec l'anode, suivant des micros canaux. Lorsque la densité de trajets conducteurs est assez grande cela conduit à une fuite de courant, même pour une petite tension. Cela signifie que cela provoque un court-circuit dans le cas ci-dessus. En bref, la conduction ohmique des cellules PVO est due à des pistes métalliques localisées ultrafines de transition entre cathode et anode. Lorsqu'il est soumis à un potentiel, c'est à dire quand un courant circule dans ces filaments ultrafins ils sont détruits par effet Joule. Bien sûr, cet effet est plus rapide lorsque le courant est plus élevé, ce qui est le cas lorsque les cellules PVO sont soumises à la lumière. En outre, le processus de formation est actif lorsque NiO est de type p, c'est-à-dire lorsqu'il est plus conducteur. La commutation est attribuée à la formation de trajet conducteur [69]. Quand il est de type n, le NiO est lisse et est très résistif et donc il n'est pas nécessaire de procéder à une formation, car la résistance shunt est élevée et les courants de fuites sont faibles.

En outre, si on considère les caractéristiques d'une cellule PVO (Figure III. 17 et Tableau III-8) avec la couche tampon NiO type p (5,6% O_2, courant de décharge de 80 mA) de 4nm présentant un excès d'atomes de Ni correspondant la zone II sur la Figure 2- 3 du chapitre II. On voit que la courbe J-V correspond à celle d'une diode avec un rendement de 1,4%. Néanmoins, la caractéristique de la diode n'est pas vraiment bonne mais, elle s'améliore après avoir subi un éclairement pendant 30 minutes.

Cependant, la rugosité de l'ABL de NiO n'a pas été mesurée dans ce cas mais seulement, à partir des études morphologies par DRX et MEB (Figure II.6 a et II.7 a du chapitre II). On peut donner des observations sur le procédé de cristallisation du NiO (type p). Celui de la zone II est mieux cristallisé que celui de la zone V car la vitesse de dépôt est plus grande et que l'excès d'oxygène conduit à des grains de plus faible taille. La couche de 4 nm d'épaisseur couvre complètement la surface de l'ITO. Par conséquent, le phénomène de court-circuit n'intervient pas dans la cellule PVO.

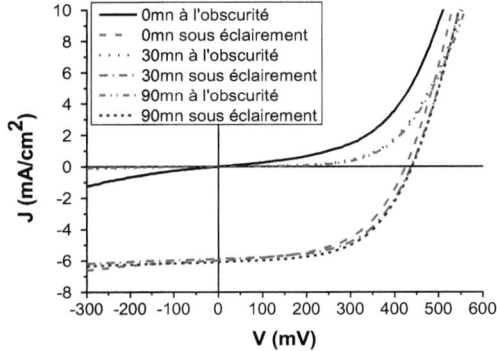

Figure III. 17: Caractéristiques J-V d'une cellule avec une ABL de NiO déposée dans les conditions suivantes:
- *Courant de décharge de 80 mA, épaisseur de 4 nm et pourcentage d'oxygène de 5,6%.*

Tableau III- 8: Paramètres de la cellule PVO avec une ABL de NiO type p Ni en excès.

	NiO, type p, 4 nm (Figure III. 17)					
$T_{Exposition}$ (mn)	Vco (mV)	Jcc(mA/cm²)	FF (%)	η (%)	Rs (Ω)	Rp(Ω)
0	425	6,0	53,4	1,4	6,8	520
30	437	6,0	56,1	1,4	7,6	991
90	439	6,1	56,2	1,5	7,7	1109

Il est connu que par modification de l'épaisseur de l'ABL de NiO il est possible de modifier les performances des cellules PVO. Par conséquent, afin d'éviter tout processus de formation, nous avons augmenté l'épaisseur de NiO. Lorsque la couche tampon d'anode NiO est épaisse de 20 nm les caractéristiques J-V sont stables comme on peut le voir sur les Figure III. 18 et Figure III. 19. Il n'y a plus besoin d'un processus de formation quel que soit le type de NiO, de type p ou de type n (Tableau III- 9). Les courbes montrent systématiquement une forme classique, quelle que soit la pression partielle d'O_2 pendant le dépôt NiO. En effet, lorsque le film de NiO a une épaisseur de 20 nm, il recouvre complètement le film d'ITO, ce qui évite tout contact direct entre l'anode et la cathode, même si «les effets d'ombre" sont présents, ce qui explique que le processus de formation n'est pas nécessaire pour obtenir un comportement classique.

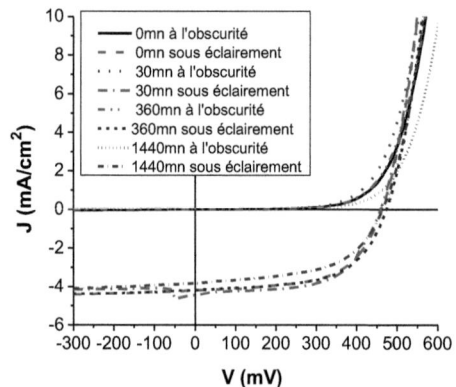

Figure III. 18: Caractéristiques JV d'une cellule avec une ABL de NiO déposée dans les conditions suivantes:

- *Courant de décharge de 150 mA; 23,07% O_2 et de 20nm d'épaisseur. Les différents cycles ont été mesurées après réalisé, 30 minute, 6 h et 24 h sous air et température ambiant.*

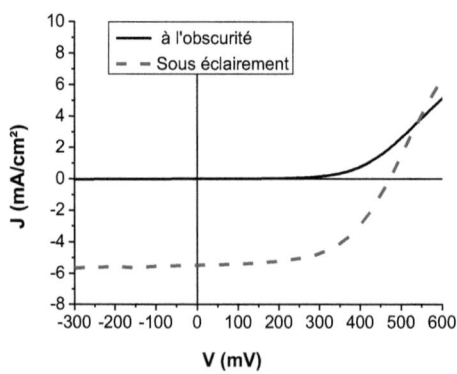

Figure III. 19 : Caractéristiques J-V d'une cellule avec une ABL de NiO déposée dans les conditions suivantes:

- *Courante de décharge de 80mA, 7,4% O_2 et*

Tableau III- 9: Paramètres de la cellule PVO avec une ABL de NiO type p et type n de même épaisseur 20nm.

$T_{Exposition}$ (mn)	Vco (mV)	Jcc(mA/cm²)	FF (%)	η (%)	Rs (Ω)	Rp(Ω)
NiO, type p, 20 nm (Figure III. 18)						
0	460	4.19	59	1.15	2.5	1200
30	460	4.43	59	1.20	2.5	1200
360	470	4.17	59	1.16	3	1150
1840	460	3.81	55	0.97	3.5	900
NiO, type n, 20 nm (Figure III. 19)						
0	420	5.5	56	1.5	29	1600

III.3.2.2. Effet du recuit de la structure ITO/NiO.

2   Afin de vérifier l'amélioration de la surface de l'ABL de NiO déposé à 80 mA de courant de décharge, 16,67 % O₂ et 4 nm d'épaisseur sur le PCE des cellules PVO. Nous avons recuit les structures ITO/NiO sous atmosphère d'oxygène pendant 10 min dans un four tubulaire (comme décrit en détail dans le part II.4.1 du chapitre II) avant le dépôt des couches organiques.

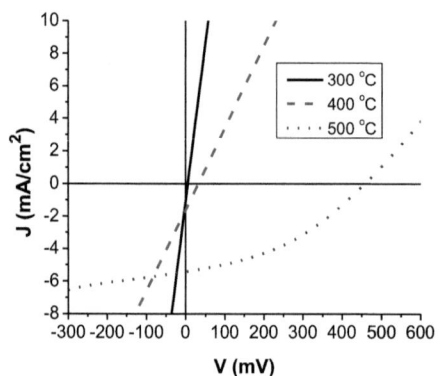

Figure III. 20 : Caractéristiques de J-V en fonction de la température de recuit avec une ABL de NiO déposée dans les conditions :
- Courante de décharge de 80 mA, 16,67% d'oxygène, 4nm d'épaisseur,
- Recuit sous oxygène à la température des 300, 400 et 500 °C pendant 10 mn.

Tableau III- 10: Paramètres des cellules PVO recuites sous oxygène (Figure III. 20)

Température (°C)	Vco (mV)	Jcc (mA/cm²)	FF (%)	Eff (%)	Rs (Ω)	Rp (Ω)
300	5,5	1	8	0,0005	5	5
400	32	1,6	25	0,013	19	20
500	458	5,4	39	0,96	33	278

On peut voir sur la Figure III. 20 et Tableau III- 10, que le recuit améliore progressivement le PCE des cellules PVO et à 500 °C ceci a donné une forme J-V classique avec un facteur de forme FF de 39% et un rendement de 0,96%. Lors de recuits à haute température, la structure cubique face centrée de NiO est améliorée par la réduction des défauts par la libération d'atomes d'oxygène en excès dans le réseau cristallin (dans la position de pics visibles par AFM). Et donc, les structures deviennent plus denses (porosité réduite), et l'ABL de NiO est plus stœchiométrique et devient isolant à 500 °C comme mentionné dans le part 4.2 du chapitre II. Cela se manifeste également par l'augmentation de la résistance série Rs de la cellule PVO (10 et Tableau III- 11). En même temps, la résistance parallèle Rp augmente dans le cas 4nm d'épaisseur (Tableau III- 10) et diminue dans le cas 20 nm d'épaisseur (Tableau III- 11) lorsque la température augmente. En plus, l'effet du recuit peut conduire l'ITO à devenir plus résistif.

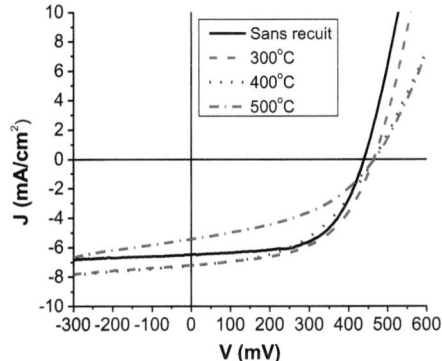

Figure III. 21: Caractéristiques de J-V en fonction de la température de recuit avec une ABL de NiO déposée dans les conditions :
- *Courante de décharge de 80 mA, 16,67% d'oxygène, 20 nm d'épaisseur,*
- *Recuit sous oxygène à la température des 300, 400 et 500 °C.*

Tableau III- 11 : Paramètres des cellules PVO recuites sous oxygène (Figure III. 21)

Température de recuit °C	Vco (mV)	Jcc (mA/cm²)	FF (%)	η (%)	Rs (Ω)	Rp (Ω)
Avant de recuit	439	6,5	60	1.7	9	907
300	464	7,2	54	1.8	5,4	497
400	464	7,2	47	1.6	15	457
500	466	5,4	42	1.1	20	254

III.3.3. Optimisation des conditions de dépôt en DC pour améliorer les caractéristiques de la cellule PVO.

À propos de l'épaisseur de l'ABL de NiO, il a déjà été démontré, dans le cas d'hétérojonction P3HT: PCBM que lorsque le film de NiO est épais de 4-8 nm, les cellules PVO ont un mauvais FF, qui est attribué à un fort courant de fuite et un blocage électronique déficient [142]. Ce résultat corrobore la présente étude, qui montre que des résultats reproductibles et optimums sont obtenus avec un ABL de NiO 20 nm d'épaisseur.

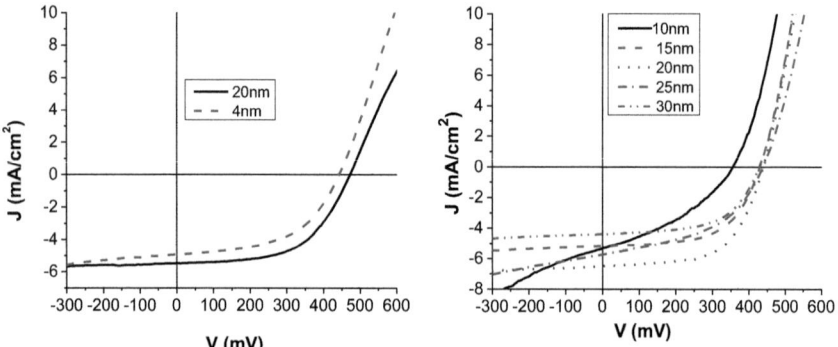

Figure III. 22: Caractéristiques J-V sous éclairement AM1.5 en fonction de l'épaisseur de NiO déposée à 80 mA et de :

a. Pourcentage d'oxygène de 7,4% et b. de 16,67%.

Tableau III- 12 : Paramètres des cellules PVO avec une ABL en fonction de l'épaisseur de NiO

Epaisseur de l'ABL (nm)	Vco (mV)	Jcc (mA/cm²)	FF (%)	η (%)	Rs (Ω)	Rp (Ω)
ABL de NiO type n (Figure III. 22 a)						
4	442	5	52	1,1	17	529
20	472	5,5	56	1,5	30	1588
ABL de NiO type p (Figure III. 22 b)						
10	355	5,3	37	0,7	4,7	105
15	430	5,2	59	1,3	6,6	1030
20	439	6,5	60	1,7	9	907
25	439	5,7	47	1,2	8	232
30	428	4,4	57	1,1	3,6	1060

Ci-dessus, nous montrons la courbe J-V en fonction de l'épaisseur de la couche NiO déposée dans les 2 zones principales III (7,4 %O_2) et V (16,67 %O_2) en présentant le type n et type p sur la Figure III. 22 a, b, respectivement. Nous avons aussi trouvé l'épaisseur optimale de 20 nm pour les deux cas. Les caractéristiques des cellules PVO sont présentées sur le Tableau III- 12. Par ailleurs, nous avons aussi constaté l'amélioration de la caractéristique des cellules PVO avec des ABLs de NiO_20 nm déposées à différentes pressions partielles d'oxygène et d'argon. Les résultats sont présentés sur la Figure III. 23 a et le b.

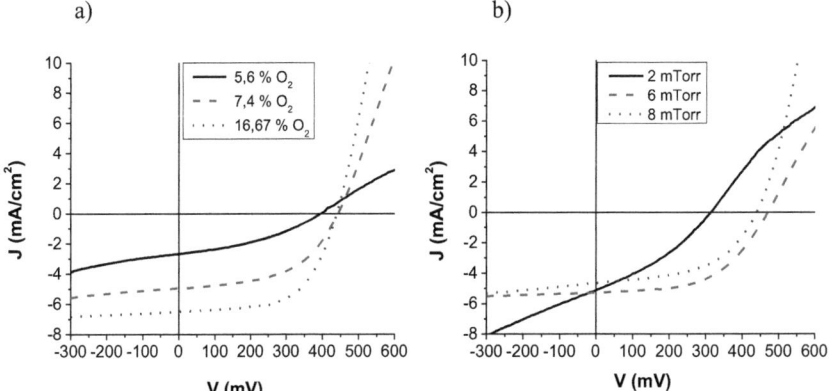

Figure III. 23: Caractéristiques J-V sous éclairement AM1.5 en fonction de l'épaisseur de NiO déposée à 80 mA, de 20 nm d'épaisseur et:

a. en fonction de la pression partielle d'oxygène,
b. pression partielle d'argon.

Tableau III- 13: Paramètres des cellules PVO avec une ABL de NiO en fonction de la pression partielle d'O_2 et d'Ar.

	Vco (mV)	Jcc(mA/cm²)	FF (%)	η (%)	Rs (Ω)	Rp (Ω)
%O_2	ABL de NiO 20nm (Figure III. 23 a)					
5,6	394	2,7	38	0,4	80	282
7,4	471	5,5	56	1,5	30	1588
16,67	439	6,5	60	1,7	9	907
Pression d'argon (mtorr)	ABL de NiO 20nm (Figure III. 23b)					
2	314	5,1	34	0,5	61	102
6	470	5,3	54	1,3	27	1212
8	440	4,7	52	1	5,2	431

III.4. Comparaison des durées de la vie de différente structure PVO.

Il a déjà été montré que l'ABL de NiO améliore fortement la durée de vie des PVOs [16], ce qui rend possible le processus de formation et l'amélioration avec le temps, pendant les premières minutes d'exposition à l'air, de la PCE des cellules PVO.

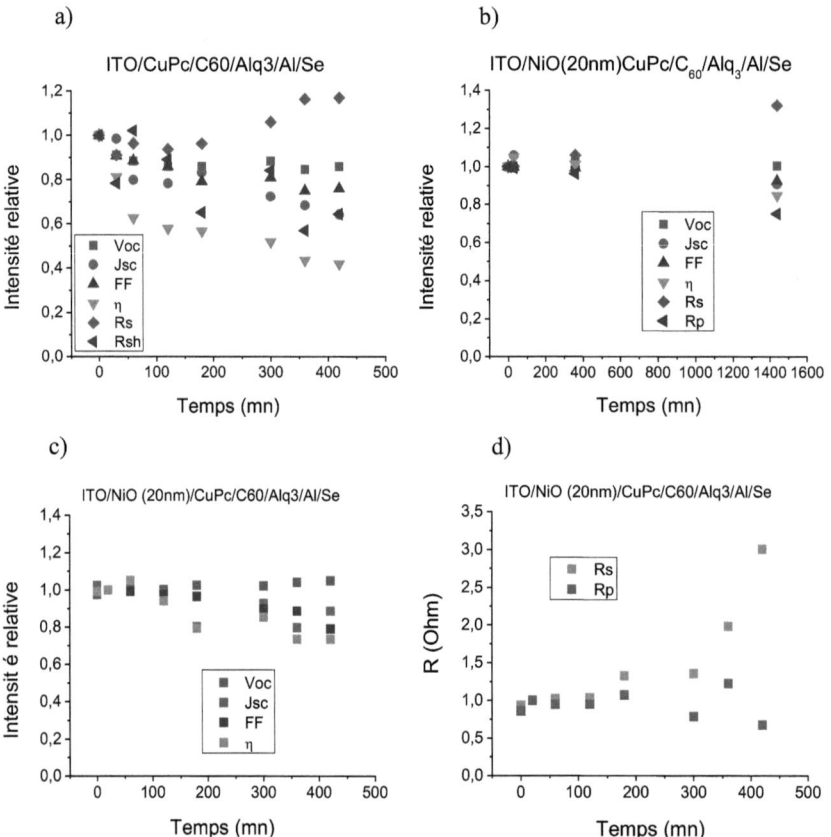

Figure III. 24: Variation les paramètres d'une cellule PVO par différentes structures :
a. Structure sans ABL.
b. Structure avec ABL de NiO type p (16,67 %O_2), 20 nm d'épaisseur.
c et d. Structure avec ABL de NiO type n (7,4 %O_2), 20 nm d'épaisseur.

Il est bien connu que l'ITO est très sensible aux environnements acides. La nature hygroscopique de CuPc permet l'absorption de l'eau de l'environnement ambiant, ce qui facilite l'attaque de la couche d'ITO, en donnant lieu à une dégradation et la détérioration de la stabilité de dispositif [90, 147]. La Figure III. 24 montre les résultats de l'étude de la durée de vie des cellules dans l'obscurité sous l'air ambiant, une température de 20-23 °C et 50-55% d'humidité relative. L'étude des paramètres de la structure sans ABL (Figure III. 24 a) a montré qu'elles sont très instable comme. Leur PCE et JCC ont été réduits à moins de la moitié de leur valeur initiale après une heure de stockage. Toutefois, le rendement de la cellule PVO utilisant une ABL de NiO (Figure III. 24 b) diminue seulement de 3% au bout d'une heure, ceci signifie que la durée vie est plus élevé de 17 fois environ pour 16,67% d'O_2 (Figure III. 24 b) et de 2,5 fois pour 7,4% d'O_2 (Figure III. 24 c) que celle de ITO/CuPc/C_{60}. Bien que le processus n'ait pas été optimisé, cette étude a confirmé que l'interface ITO/NiO/CuPc est plus stable que celle-là ITO/CuPc.

III.5. Conclusion.

L'interface ITO/Organique présente toujours une barrière de potentiel due à la différence entre le travail de sortie de l'anode et l'HOMO du semi-conducteur organique [74,127]. Lorsque la différence est grande cela implique une résistance de contact élevée, augmente la résistance série (Rp), réduit la densité de courant (Jcc) et diminue le rendement de la cellule PVO.

L'application d'une couche mince de NiO adapte structure des bandes et bloque les électrons et évite un courant de fuite de l'organique à anode ITO grâce à certaines propriétés comme une large bande interdite, une transmission de 90 % dans la gamme visible à l'épaisseur de dizaine nm. NiO peut être déposé par de nombreuses méthodes, surtout par la méthode de pulvérisation DC ou HiPIMS.

En faisant varier la pression partielle d'oxygène pendant le dépôt de NiO par pulvérisation cathodique en DC peut provoquer la variation des propriétés des films minces de NiO. Premiers films métalliques sont obtenues entre 0 et 2% de la pression partielle d'oxygène, puis les films de NiO ont une conduction de type p entre 2 et 6% de pression partielle de l'oxygène, compris entre 6 et 9% de pression partielle d'oxygène de leur conduction est très faible et il est type n. Enfin, pour une pression partielle d'oxygène supérieure à 9%, la conduction du NiO films est un type p. Quand ces films sont utilisés comme ABL dans les cellules photovoltaïques basées d'ITO/NiO/CuPc/C_{60}/BCP/Al. Les propriétés de ces cellules PVO dépendent des conditions de dépôt comme la pression partielle d'oxygène, et d'argon au cours du dépôt de NiO ainsi que l'épaisseur de cette ABL. Lorsque l'ABL de NiO type p, riche en oxygène et d'épaisseur 4 nm, un procédé de formation est présent pendant les premiers cycles électriques. Ce processus de formation est fonction des conditions de pulvérisation du NiO. Lorsque les films sont de type n, la pression partielle de 7,4 % O_2 ou de type p en excès de Ni (5,6 %O_2), le processus de formation n'est pas survenu en raison du fait que le film de NiO est résistif et lisse. Lorsque les films de NiO sont de type p, la pression partielle de 16,7 % d'oxygène, les caractéristiques J-V varient fortement au cours des premiers cycles, ce qui est attribué à la destruction de filaments de fuites. En fait, lorsqu'il est déposé dans ces conditions expérimentales, il existe une forte densité de pics minces à la surface du film du NiO. Ces pics sont détruits par effet Joule lors du processus de formation. Afin d'éviter le processus de formation, les films minces de NiO ont été utilisés comme ABL. Dans ce cas, une efficacité optimale est obtenue lorsque le NiO est recuit à 500 ° C. Enfin, la durée de vie des cellules PVO basées sur une ABL de NiO peut être multipliée par plus de 17 par apport aux cellules PVO sans ABL.

CHAPITRE IV

ÉLABORATION DE STRUCTURES OXYDE/METAL/OXYDE : $MoO_3/Ag/MoO_3$

IV.1. Introduction

La nécessité de revêtements conducteurs transparents s'accroît continuellement en raison de nombreuses applications de ces revêtements dans de nombreux dispositifs optoélectroniques. L'oxyde d'indium dopé à l'étain (Indium tin oxide ITO) est le choix actuel du commerce. Cependant, l'indium étant rares l'ITO est cher. L'augmentation de la demande est due principalement :

- Au développement de cellules solaires à base de CIGS (Cu (In, Ga) Se_2).

- A l'intérêt croissant de l'utilisation de substrats flexibles pour les dispositifs optoélectroniques car les films d'ITO sont bien connus pour assez mal résister aux flexions répétées.

En conséquence de quoi, il est nécessaire de substituer à l'ITO une électrode conductrice et transparente alternative. Pour les dispositifs optoélectroniques organiques, des exigences supplémentaires spécifiques doivent être pris en compte. La plupart des couches organiques sont très fragiles et sensibles à la température et l'oxygène de l'air ambiant.

Le choix du procédé et des conditions de dépôt de l'électrode de substitution sont donc très importants.

La pulvérisation cathodique, procédé de dépôt d'un grand nombre d'oxyde transparent conducteur OTC (transparent conductive oxide TCO) est difficile en raison du plasma qui provoque des dommages aux couches organiques

Les films métalliques minces quant à eux permettent des conditions de dépôt douces, ils présentent une conductivité élevée et une bonne ductilité. Cependant, même en tenant compte de l'argent qui présente la conductivité la plus élevée à la température ambiante ($6,14 \times 10^5$ S.cm^{-1}), l'épaisseur nécessaire des couches pour qu'elles soient conductrices est telle que la transmission dans la partie visible du spectre de ces couches est très limitée. Au contraire, les OTC montrent une transmission élevée mais de relativement faibles propriétés électriques lorsqu'ils sont déposés à température ambiante. Afin d'obtenir un bon compromis entre la conductivité et la transmission, un film d'argent très mince en sandwich entre deux films OTC offre une solution raisonnable [35, 45, 95, 118, 130-132, 153, 159]. Par ailleurs, le faible travail d'extraction des OTC entraine un alignement imparfait de la structure de bande à l'interface anode/donneur d'électron, d'où une mauvaise collection, ou injection, des trous dans des cellules photovoltaïques organiques (OPV) ou les diodes électroluminescentes organiques (OLED) [52]. Par contre, les couches minces d'oxyde de métal de transition (TM) tels que WO_3, MoO_3, V_2O_5, qui peuvent être déposée par simple sublimation thermique sont employées car ces oxydes ont démontré qu'ils constituaient des couches tampon très efficaces entre l'anode et la couche organique de transport de trous. Aussi les structures que nous proposons seront constituées d'une couche d'argent prise en sandwich entre deux couches d'oxyde de molybdène. La combinaison de la transmission élevée de l'oxyde de métal de transition et la haute conductivité du métal semble être une approche très prometteuse [30, 87, 88, 108, 135]. Dans cette partie, l'effet de l'épaisseur de la couche d'Ag et MoO_3 sur les propriétés optiques et électriques des structures multicouches $MoO_3/Ag/MoO_3$ est étudié. Ces résultats sont confrontés à ceux déduits de la modélisation à l'aide d'un logiciel basé sur une méthode des différences finies dans le domaine temporel (FDTD). L'influence de la vitesse de dépôt d'Ag sur les propriétés des structures est également étudiée.

IV.2. Déposition de l'électrode transparente par évaporation thermique.

IV.2.1. Optimisation des paramètres de dépôt.

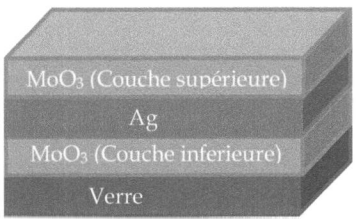

Figure IV. 1 : Structure multicouche Verre/MoO_3/Ag/MoO_3 (MAM)

Les structures multicouches $MoO_3/Ag/MoO_3$ ont été déposées sur des substrats de verre, sous vide, dans une installation d'évaporation par effet Joule simple Figure IV. 1. Les différents films ont été déposés successivement sans interruption du vide, en utilisant deux creusets de tungstène: l'un chargé d'une poudre de MoO_3, l'autre de fils Ag. La température du substrat pendant le fonctionnement est la température ambiante. Un moniteur de quartz est relié à l'extérieur pour contrôler la vitesse de dépôt et l'épaisseur du film pendent le dépôt. La vitesse de dépôt joue un rôle très important quant à la qualité de la MAM. Pour l'argent, la vitesse doit être suffisamment élevée pour que les atomes diffusent rapidement sur toute la surface du substrat qui est préalablement recouvert par la première couche de MoO_3, Ils créent une mince couche d'argent suffisamment fine pour une bonne transmission optique et en même temps continue de façon à assurer la conduction (Figure IV. 2). Pour déposer l'oxyde de molybdène la vitesse de dépôt doit être suffisamment faible afin de préparer une surface plane pour y déposer la couche d'argent. Cela permet aussi une bonne transmission optique en évitant le piégeage des photons par la rugosité de surface.

Nous avons pris des substrats de verre chez Grosseron. Avant tout dépôt, les substrats sont nettoyés par savon spécial et l'eau distillée, ensuite, ils sont séchés par un jet d'azote.

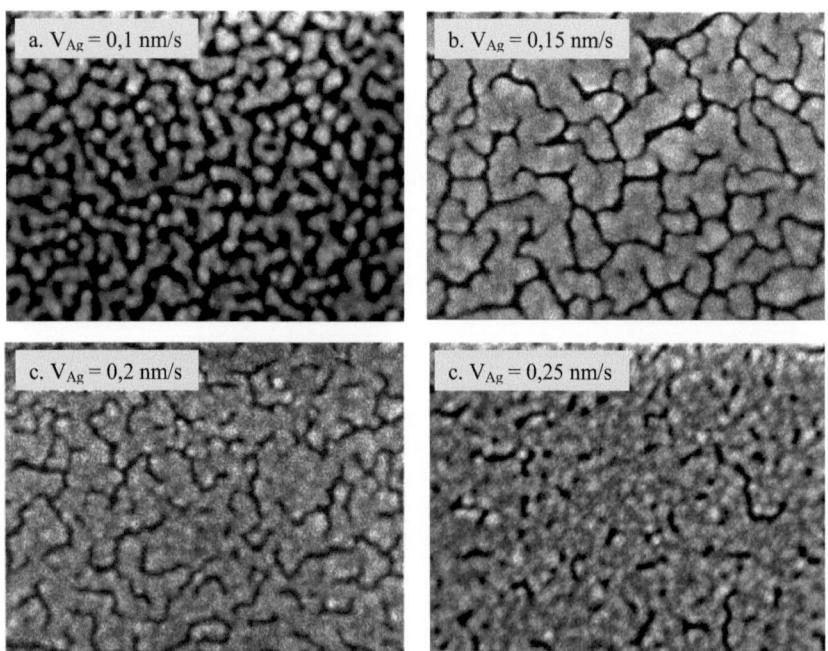

Figure IV. 2 : Images MEB de la morphologie de surface de la structure
Verre/MoO_3/Ag, avec Ag déposé aux vitesses suivants : a. 0,10 nm/s, b. 0,15 nm/s, c. 0,20 nm/s. d. 0,25 nm/s.

IV.2.2. Optimissation des couches MAM

Selon les résultats obtenus précédemment [29, 30], des couches minces épaisses 10 nm pour Ag et de 35 nm pour la couche supérieure de MoO_3 ont été utilisées, la couche inférieure de MoO_3 étant utilisée comme varible. Ainsi, les propriétés optiques des structures réalisées ont été étudiées en faisant varier l'épaisseur de la couche inférieure de MoO_3 entre 1 et 50 nm. Les courbes de transmission de ces structures sont présentées dans la Figure IV.3.

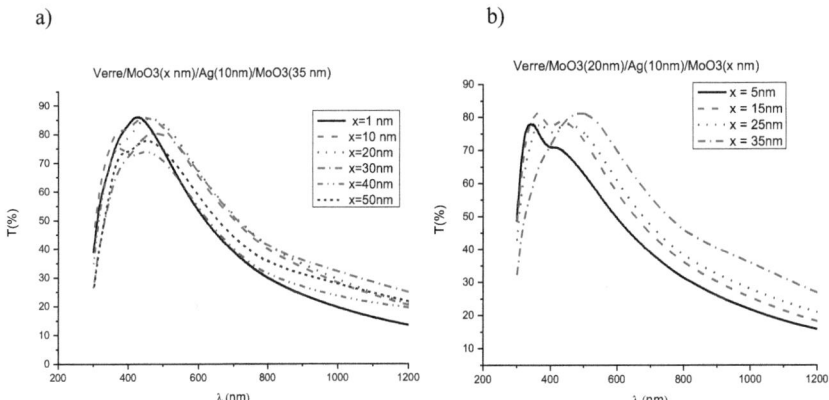

Figure IV.3 : Spectres de transmission des structures x comprises de 1 nm à 50 nm de :
    a. *Verre/MoO$_3$(x nm)/Ag(10 nm)/MoO$_3$(35 nm)*
    b. *Verre/MoO$_3$(20 nm)/Ag(10 nm)/MoO$_3$(x nm)*

Il peut être remarqué que la transmittance maximale, 86% pour une longueur d'onde de 465 nm, est obtenue pour une épaisseur de la couche de MoO_3 inférieure de moins de 30 nm. En outre, on peut voir un décalage vers le rouge de la zone de transmission lorsque l'épaisseur de la couche intérieure MoO_3 augmente de 1 nm à 30 nm (Figure IV. 4). Cet effet de décalage vers le rouge a déjà été mis en evidence [88]. La Figure IV. 4 montre (courbe avec les points vert) la transmittance moyenne des structures verre/MoO_3 (x nm)/Ag (10 nm)/MoO_3 (35 nm) dans le domaine spectral visible (350 nm à 800 nm), lorsque x varie entre 1 nm et 50 nm. Le facteur de transmission optimal est obtenu pour une épaisseur de couche MoO_3 de 20 nm. Par conséquent, une épaisseur de 20 nm pour la couche MoO_3 inférieure a été retenue pour ensuite étudier l'influence de l'épaisseur de la couche supérieure MoO_3. La Figure IV.3 b présente la transmittance spectrale mesurée sur des structures verre/MoO_3 (20 nm)/Ag (10 nm)/MoO_3 (x nm) avec x variant entre 5 et 35 nm. Un décalage vers le rouge de la transmittance maximale est observée quand l'épaisseur de la couche supérieure de MoO_3 augmente. La Figure IV. 4 montre (carrés rouge), la dépendance la transmittance moyenne de ces structures en fonction de la variation de l'épaisseur de la couche MoO_3 supérieure.

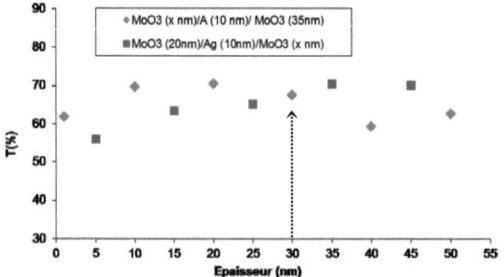

Figure IV. 4 : Transmittance moyenne (350nm à 800 nm) en fonction de l'épaisseur de couche MoO_3 inferieure (vert) et supérieure (rouge).

On voit que le coefficient de transmission de la structure augmente sensiblement avec l'épaisseur de la couche supérieure MoO_3, puis se stabilise à partir de 35 nm. Une épaisseur de 35 nm a été finalement sélectionnée pour la couche supérieure pour obtenir l'électrode optimale. Il est intéressant de noter que la meilleure conductivité mesurée de $3,3 \times 10^5 (\Omega.cm)^{-1}$ (Figure IV. 5), correspond également à la structure optimale MoO_3(20nm)/Ag(10 nm)/MoO_3(35 nm).

À la suite de l'optimisation de l'épaisseur des films de MoO_3, une étude approfondie de l'influence des paramètres de dépôt de la couche d'Ag, sa vitesse de dépôt et son épaisseur, sur les propriétés de la structure entière, conductivité et transmittance, a été menée. Par conséquent, les propriétés des structures verre/MoO_3(20nm)/Ag(x nm)/MoO_3(35 nm) ont été étudiées, lorsque x varie entre 5 nm et 18 nm, ceci pour deux vitesses de dépôt:

0,15 et 0,20 nm/s. Lorsque le film d'argent est déposé à une vitesse de 0,20 nm / s, il existe une valeur critique de l'épaisseur 10nm pour laquelle la résésitivité (conductivité) de la structure bascule. Au dessous de cette valeur de 10 nm d'épaisseur d'argent, les structures sont resistives. Au dessus de cette valeur les structures, sont des conductrices ayant une conductivité de type n et un comportement métallique quand on fait varier la température. À cette même vitesse de dépôt de 0,2 nm/s, un facteur de transmission optimal est obtenu pour des épaisseurs de film Ag variant entre 10 nm et 13 nm. En fait, ces valeurs de transmission sont de 20% supérieures à celles obtenues à partir des structures avec des films Ag déposés à 0,15 nm/s de taux. De plus, lorsque l'épaisseur du film d'Ag est de 10 nm, et pour une vitesse de dépôt de 0,15 nm/s, la résistivité est très sensible et varie d'un échantillon à l'autre ($\rho = 1 \times 10^{-3}$ à 2×10^{-2} Ω.cm). La visualisation de la surface de la structure bicouche MoO_3/Ag par microscopie électronique à balayage (Figure IV. 2) permet de comprendre la dépendance de la conductivité des structures MoO_3 (20 nm)/Ag (x nm)/MoO_3 (35 nm) des paramètres de dépôt de l'argent. Pour une épaisseur d'argent de 10 nm déposée à une vitesse de 0,2 nm/s, il y a percolation des ilôts d'Ag et formation des chemins continus le long des films argentiques (Figure IV. 2 c et d). Lorsque l'argent est déposé plus lentement, (moins de 0,15 nm/s), les films d'argent ne sont pas continus et présentent de larges espaces intergrains vides de matière (Figure IV. 2a et b). Par conséquent, l'épaisseur de la couche d'argent, qui permet d'atteindre le seuil de percolation, avec formation d'un film continu dépend de la vitesse de dépôt de la couche d'argent. Le changement de la conductivité des électrodes à trois couches est par conséquent entraîné par une telle transition de la morphologie de la couche d'argent d'ilôts discontinus non reliées à un film d'Ag continu.

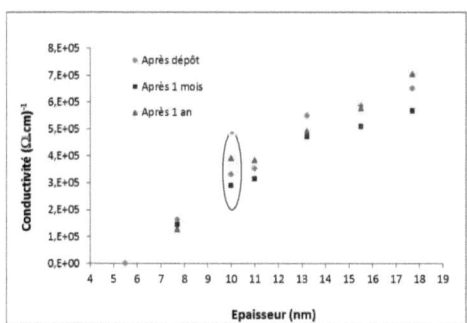

Figure IV. 5 : Variation de la conductivité en
fonction de l'épaisseur et du temps

Par conséquent, la valeur de l'épaisseur seuil correspond à la percolation des nanostructures métalliques. En dessous de cette épaisseur des films sont discontinus; au dessus de cette épaisseur, ils sont continus et les structures sont conductrices. Si l'on compare la résistance des structures multicouches à celle du film mince d'argent correspondant seul, les valeurs sont à peu près les mêmes. Cela montre que la résistivité des structures multicouches ne dépend que légèrement de la résistance des couches d'oxyde [54]. Les schémas de la structure de bandes d'énergie de Ag et MoO$_3$ avant et après contact sont représentés à la Figure IV. 6. Le travail de sortie d'Ag est de 4,4 eV, alors qu'il a été démontré récemment que MoO$_3$ a un travail de sortie de 6,8 eV [84]. Par conséquent, lorsque Ag et MoO$_3$ sont en contact, l'alignement du niveau de Fermi induit un transfert d'électrons d'Ag à MoO$_3$. Il en résulte une accumulation au niveau du contact de Ag et MoO$_3$ et une torsion des bandes. Ainsi, les électrons sont facilement injectés à partir d'Ag dans le MoO$_3$.

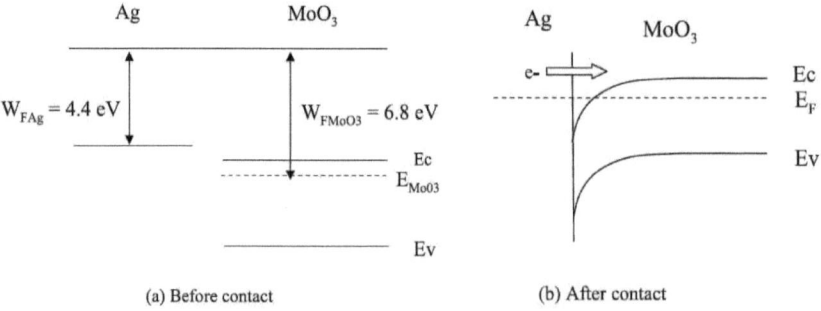

Figure IV. 6 : Diagrammes schématiques des niveaux d'énergie de Ag et MoO3 avant (a) et après (b) le contact

Afin de vérifier que la conductivité transversale ne constitue pas une limite de la structure, nous avons réalisé en sandwich des structures Al/MoO$_3$/Ag/MoO$_3$/Al (et Ag/MoO$_3$/Ag/MoO$_3$/Ag), Les couches minces d Al (Ag) étant utilisés comme électrodes pour mesurer la résistance de la structure en sandwich. Les résistances mesurées de ces structures ont été comparées à celles des sandwichs en utilisant des électrodes similaires, (longueur et l'épaisseur), mais sans la structure MoO$_3$/Ag/MoO$_3$, à savoir des structures Al/Al (Ag/Ag). Dans la plage de précision de l'appareillage utilisé, des valeurs similaires ont été obtenus. Ceci prouve que la valeur limite de ces structures est la résistance des électrodes elles-mêmes. La conductivité de nos structures MoO$_3$/Ag/MoO$_3$ est du même ordre de grandeur que celle des films métalliques correspondants. Ce résultat a déjà été mis en évidence par Guillén et Herrero [54]. L'épaisseur de la structure étant de 65×10^{-6} mm, sa résistance est très inférieure à celle des électrodes qui sont au moins de 1 mm de long. Ce résultat permet de vérifier que la conductivité transversale de nos structures $MoO_3/Ag/MoO_3$ est du même ordre de grandeur que la conductivité longitudinale mesurée. Ceci est en accord avec les schémas de niveaux d'énergie de la Figure IV. 6.

IV.2.3. Etude de stabilité des propriétés optique et electrique dans l'air ambiant.

Les spectres de transmission de verre/MoO_3 (20 nm)/Ag (x nm)/MoO_3 (35 nm) des structures avec x compris entre 5,5 nm et 17,5 nm, où Ag est déposé à 0,2 nm/s, sont présentés dans la Figure IV. 7.

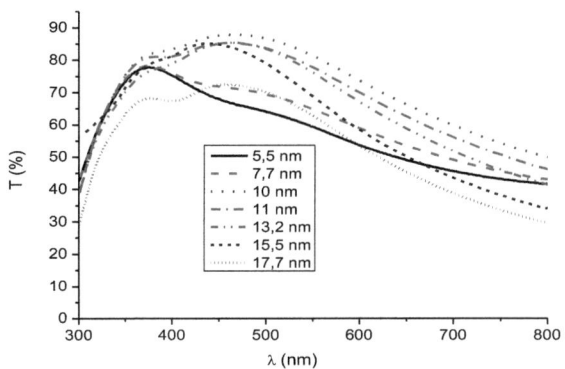

Figure IV. 7 : Spectres de transmission des structures Verre/MoO_3 (20 nm) /Ag (xnm) /MoO_3 (35nm) avec x variant de 5,5 nm à 17,7 nm.

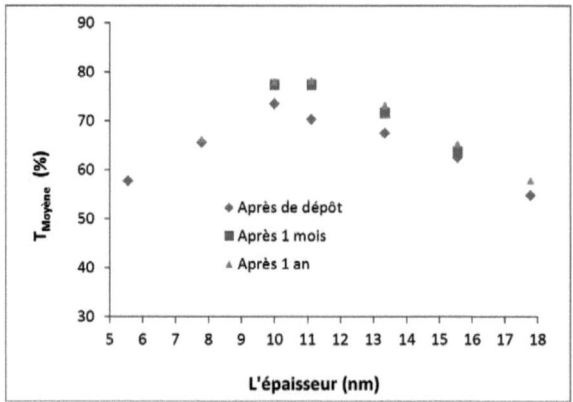

Figure IV. 8 : Transmission moyenne (350 nm à 800 nm) des structures verre/MoO$_3$ (20 nm) / Ag (x nm) / MoO$_3$ (35 nm), avec x compris entre 10 nm et 17 nm, en fonction de la durée de stockage à l'air.

On peut voir que la transmission des structures augmente avec l'épaisseur du film d'Ag jusqu'à 10 nm, puis elle diminue au-delà de cette épaisseur, tandis que la conductivité augmente légèrement. Un effet de décalage vers le rouge du spectre de transmission, lorsque l'épaisseur augmente d'argent de 5,5 nm à 10 nm, est également observé. Il convient de noter que, après un an de stockage à l'air ambiant, la transmission et la conductivité des structures verre/MoO$_3$(20nm)/Ag(x nm)/MoO$_3$(35 nm) augmente légèrement (Figure IV. 8 et Figure IV. 5, respectivement).

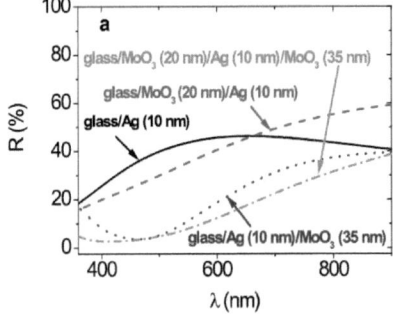
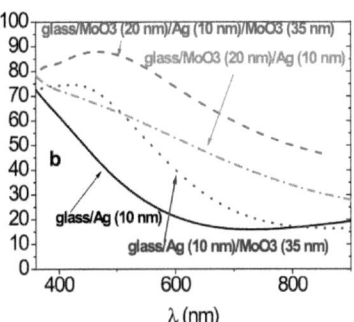

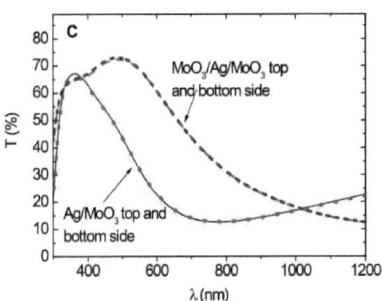

Figure IV. 9 : Réflectance (a) et transmission optique (b) en fonction de la longueur d'onde pour les quatre structures suivantes:
- Verre/Ag(10 nm) ;
- Verre/Ag(10 nm)/MoO₃ (35 nm) ;
- Verre/MoO3(20 nm)/Ag (10 nm) ;
- Verre/MoO3(20nm)/Ag(10nm)/MoO3(35nm)

(c) transmission optique de :
- Verre/Ag(10nm)/MoO₃(35 nm), et
- Verre/MoO₃(20nm)/Ag(10nm)/MoO₃(35nm), quand illuminé à partir de verre et sur les côtés de la couche supérieure.

L'effet de la présence, ou non, des différentes couches de MoO₃ a été expérimentalement vérifié. Comme le montre la Figure IV. 9, la réflectance et la transmittance des structures suivantes ont été mesurées: verre/Ag(10 nm), verre/Ag(10 nm)/MoO₃(35 nm), verre /MoO₃(20 nm)/Ag(10 nm), et verre /MoO₃(20 nm)/Ag(10 nm)/MoO₃(35 nm). Plus précisément, il peut être vu dans la figure 8 (c) que la transmission de la structure verre/Ag/MoO₃ devient faible avec l'augmentation de la longueur d'onde quel que soit le côté de l'irradiation. D'autre part, lorsque l'on introduit une couche de MoO₃ entre le substrat de verre et la couche d'Ag, la transmission est changée de façon spectaculaire. Le pic de transmission est beaucoup plus large que celle obtenue en l'absence de ce film de MoO₃. Cela est dû au fait que les films de MoO₃ améliorent le couplage de la lumière. En outre, la couche externe de MoO₃ permet de gérer la valeur du travail d'extraction de l'électrode, ce qui est très important dans le domaine des dispositifs organiques.

Ces structures tri-couches présentent une transmission accrue et une réflexion inférieure par rapport aux structures bicouches ou à couche unique d'argent déposée sur du verre.

Le profil de composition chimique mesuré par XPS d'une structure Verre/MoO$_3$(20 nm)/Ag(10 nm)/MoO$_3$(35 nm) est représenté sur la Figure IV. 10. Le profil de l'Ag n'est pas symétrique, ce qui est essentiellement dû au fait que l'argent est déposé sur la couche inférieure de MoO$_3$ (mais une contribution possible du processus de gravure XPS ne peut pas être complètement exclue). Une queue est clairement visible à la couche inférieure (partie droite de la fiche) terminé par 1% atomique environ. d'argent dans la masse de la couche inférieure MoO$_3$, par comparaison à 0,5 % atomique environ. d'argent dans la couche supérieure de MoO$_3$ (côté gauche du profil sur la Figure IV. 10).

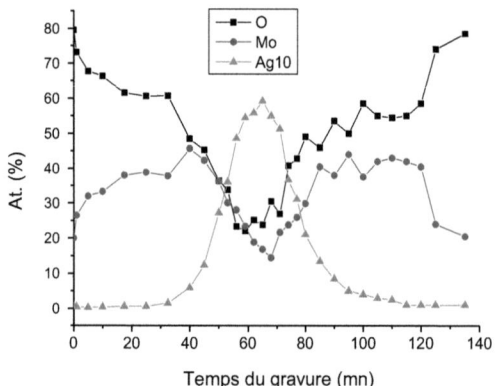

Figure IV. 10 : Profil de concentration XPS d'une structure verre/MoO$_3$ (20 nm)/Ag(10 nm)/MoO$_3$(35 nm).

En ce formation au niveau de l'interface d'une phase Ag-O provoquée par diffusion d'oxygène à partir de couches MoO$_3$, il faut noter qu'une telle réaction est difficile [70] en tenant compte de l'enthalpie de formation d'oxyde, ce qui est confirmé ici par l'analyse XPS. L'énergie de liaison de la raie Ag$_{3d5/2}$ de l'argent présent dans le film est 368,5 eV, ce qui correspond en argent métallique.

La position constante, après gravure, de la raie Ag$_{3d5/2}$ indique qu'aucune réaction ne se produit avec formation de Ag$_2$O. À la surface de la structure, la position de niveau de Fermi (E_F), par rapport à la bande de conduction (E_V), confirme que les structures se comportent comme des structures de type n, car $E_V - E_F = 3$ eV.

IV.3. Résultats de la simulation numérique.

Cette modelisation a été effectuée dans le cadre d'une collaboration avec le laboratoire IMN2P. Afin d'étudier le comportement théorique des propriétés optiques de nos électrodes multicouches, des calculs 3D en utilisant une méthode FDTD ont été effectués. Ce procédé est capable de résoudre rigoureusement les équations de Maxwell et permet d'obtenir le champ électromagnétique en fonction du temps et de la position.

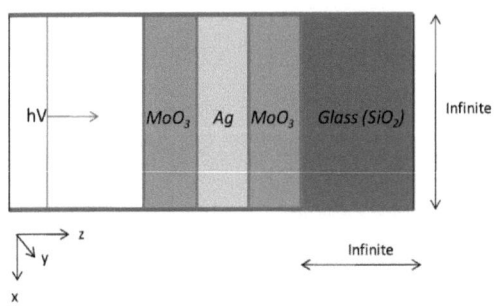

Figure IV. 11 : Schéma de la structure Verre/MoO$_3$/Ag/MoO$_3$ utilisé pour les calculs FDTD.

Notre zone de simulation est présenté dans le schéma de la structure Verre/MoO$_3$/Ag/MoO$_3$ utilisé pour les calculs en considérant la taille infinie dans la direction x et y (Figure IV. 11). Le long de la direction z, les conditions aux limites sont des couches parfaitement adaptées (PML), qui absorbent les ondes se déplaçant vers l'extérieur de la zone de simulation (directions avant et arrière à partir de la source d'éclairage), sans réflexion réintroduite. La source est une onde plane polychromatique polarisée le long de l'axe x. la taille des mailles de l'espace sélectionné est de 0,4 nm à l'intérieur de la couche d'argent et jusqu'à 11 nm loin des interfaces. La taille de mailles du temps était de 1,3x10^{-18} s. Les valeurs des indices optiques d'argent sont tirées de Palik [111]. Les valeurs des constantes optiques (n, k) de MoO$_3$ ont été mesurées par ellipsométrie spectroscopique et sont indiquées en fonction de la longueur d'onde dans la Figure IV. 12. Chaque couche est considérée posséder une surface plane, c'est à dire, sans aucune rugosité.

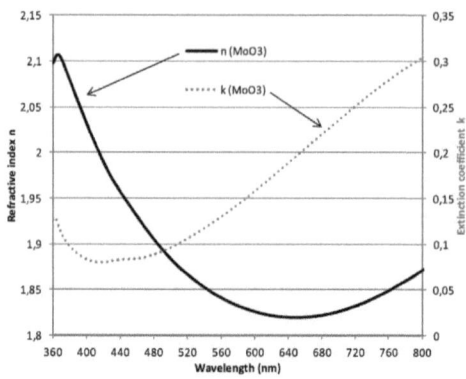

Figure IV. 12 : MoO$_3$ avec la partie réelle "n" et la partie imaginaire "k" mesurées par ellipsométrie.

Des simulations de données de transmission directe pour des structures multicouches ont été réalisées avec un logiciel FDTD, à partir de la conception opto-géométriques et des indices de réfraction. Une modélisation similaire a été réalisée avec succès pour le calcul des propriétés optiques en couches minces avec des nanoparticules d'argent intégrées [41, 151].

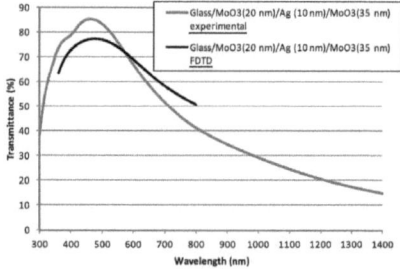

Figure IV. 13 : Comparaison des spectres de transmittance mesurées et calculées de la structure Verre/MoO$_3$(20nm)/Ag(10nm)/MoO$_3$(35 nm).

D'abord, le spectre de transmission de la structure Verre/MoO$_3$(20 nm)/Ag(10 nm)/MoO$_3$(35 nm) est calculé et comparé avec les mesures expérimentales. Les résultats sont présentés dans la Figure IV. 13. On peut constater un accord relativement bon dans le comportement de la transmission entre les résultats expérimentaux et numériques. Les différences d'amplitude peuvent être dues à la morphologie du film d'argent qui n'est uniforme mais constitué d'agrégats d'Ag coalescents. Par ailleurs, on peut remarquer que le maximum de transmittance obtenue sur la longueur d'onde de 450 nm correspond à un minimum de coefficient d'extinction k comme le montre la Figure IV. 12.

Le rôle des deux couches MoO_3 a été étudié. L'effet de l'épaisseur de la couche d'oxyde du côté de l'air est tout d'abord examiné, en fixant l'épaisseur de l'autre couche d'oxyde (côté verre) à 20 nm et celle de la couche d'argent à 10 nm. Les spectres de transmission calculés de la structure Verre/MoO_3(20nm)/Ag(10nm)/MoO_3(x nm) sont obtenus en faisant varier x de 0 à 35 nm. Le décalage en fréquence de la courbe de transmission en fonction de l'épaisseur de la couche supérieure de MoO_3 (côté air) est illustré à la Figure IV. 14.

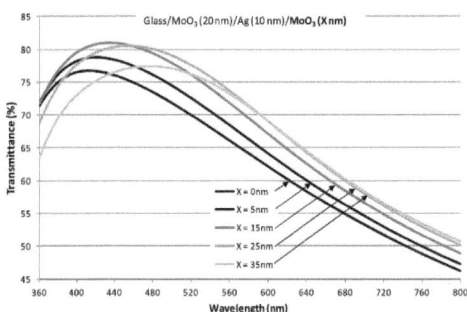

Figure IV. 14 : Spectres de transmission calculé des structures Verre/MoO3 (20 nm)/Ag (10 nm)/MoO_3 (X nm) avec x variant de 0 nm à 35 nm.

tion de la croissance de l'épaisseur de cette couche d'oxyde. Ces résultats numériques calculés dans la gamme spectrale 350-800 nm sont bien corrélés avec les résultats expérimentaux présentés dans la Figure IV. 4. Si les niveaux absolus de transmission sont différents (principalement en raison de la non-uniformité de l'épaisseur d'argent expérimentale et à l'incertitude dans les indices de réfraction théoriques utilisées pour le calcul), ils sont assez proches en termes relatifs. Il est par exemple facile de remarquer que les courbes se déplacent selon la même séquence vers la plage spectrale rouge lorsque l'épaisseur de MoO_3 augmente. L'influence de l'épaisseur de l'autre (côté verre) couche de MoO_3 est également discuté. L'épaisseur de la couche d'argent est fixé à 10 nm et celle de la couche d'oxyde (côté air) à 35 nm, comme proposé précédemment dans la section II.2.

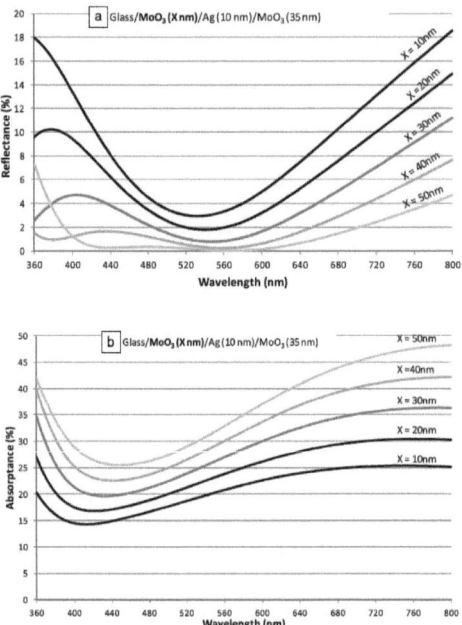

Figure IV. 15 : Spectres calculées a. réflectance, b. absorption des structures Verre/MoO3(x nm)/Ag(10 nm)/MoO3(35 nm) avec x variant de 10 nm à 50 nm.

Nous considérons que la structure de type Verre/MoO$_3$(x nm)/Ag(10nm)/MoO$_3$(35nm) en faisant varier x de 10 à 50 nm. Les spectres de réflection obtenus sont tracés sur la Figure IV. 15 a, où l'effet de cette couche d'oxyde agissant comme une couche anti-reflet est clairement démontré pour cette gamme d'épaisseur. En effet, le facteur de réflexion diminue lorsque l'épaisseur de couche de MoO$_3$ (côté verre) augmente. Cependant, le calcul de l'absorbance (Figure IV. 15 b) indique que la couche anti-reflet est également la couche la plus absorbante. Cette couche diélectrique a donc une influence notable sur l'absorption de l'ensemble de la structure multicouche. Un compromis entre les effets bénéfiques anti-réflexion et l'effet d'absorption nocif doit être trouvé pour être appliqué comme électrode transparente efficace. L'étude expérimentale a montré que la valeur optimale de cette couche d'oxyde est d'environ 20 nm.

IV.4. Conclusion

Les propriétés électriques et optiques des structures multicouches $MoO_3/Ag/MoO_3$ ont été étudiés en fonction de la vitesse de dépôt et des épaisseurs de couche d'Ag et de MoO3. Lorsque le film d'argent est déposé à une vitesse 0,20 nm/s, l'épaisseur de la couche d'argent nécessaire pour atteindre le seuil de percolation permettant de passer de l'état isolant à l'état conducteur des structures est de 10 nm. Pour une épaisseur inférieure à 10 nm, les films sont isolants et pour celles superieures les films sont conducteurs. La variation de l'épaisseur de couches MoO_3 modifie fortement les propriétés optiques des structures multicouches.

Pour une épaisseur de 10nm d'Ag, nous montrons une augmentation de la transmission des structures $MoO_3/Ag/MoO_3$ en optimisant les épaisseurs des couches MoO_3. Lorsque la couche inférieure de MoO_3 est 20 nm d'épaisseur, et la couche supérieure est 35nm, la transmission maximale est de 86% à la longueur d'onde de 465 nm, tandis que la transmission moyenne dans le domaine visible (350 nm - 800 nm) est de 70%. La meilleure conductivité mesurée, $\sigma=3,3\times10^5$ $(\Omega cm)^{-1}$ juste après dépôt, correspond aussi à la structure de MoO_3 (20 nm)/Ag(10nm)/MoO_3(35nm).

Une amélioration significative des propriétés optiques des structures multicouches décrites a été obtenue, par comparaison à des résultats antérieurs J. C. Bernède [11] où les structures du type de MoO_3 (40 nm) / Ag (10 nm) / MoO_3 (37,5 nm) ont présenté une transmittance maximum de 80% à la longueur d'onde de 525 nm et une transmittance moyenne de 70% dans un domaine spectral étroit (410 nm-710 nm). Un bon accord entre les calculs théoriques de la variation de la transmission optique de structures $MoO_3/Ag/MoO_3$ et les tendances expérimentales est prouvé. La modélisation est un outil numérique efficace pour aider à la compréhension de l'effet de chaque couche et peut être utile pour une optimisation plus poussée des structures complexes. Dans ce travail, l'effet antireflet de la couche d'oxyde du côté verre et l'effet de décalage de fréquence provoqué par la couche d'oxyde du côté d'air est correctement mis en évidence. Cela nous permettra d'optimiser numériquement les structures $MoO_3/Ag/MoO_3$ qui seront utilisées comme alternative à l'ITO dans les cellules photovoltaïques en couches minces organiques. Le décalage vers le rouge du spectre de transmission avec les épaisseurs de couches d'oxyde peut également permettre de mieux d'adapter la fenêtre de transmission de $MoO_3/Ag/MoO_3$ à la gamme spectrale d'absorption de la couche active dans les cellules solaires organiques.

Références

1 in www.meteofrance.com.

2 D. Adler, and J. Feinleib, *Phys. Rev., B*, 2 (1970), 3112.

3 K.-S. Ahn, Y.-C. Nah, and Y.-E. Sung, *Appl. Surf. Sci.*, 199 (2002).

4 Lei Ai, Guojia Fang, Longyan Yuan, Nishuang Liu, Mingjun Wang, Chun Li, Qilin Zhang, Jun Li, and Xingzhong Zhao, 'Influence of Substrate Temperature on Electrical and Optical Properties of P-Type Semitransparent Conductive Nickel Oxide Thin Films Deposited by Radio Frequency Sputtering', *Applied Surface Science* 254 (2008), 2401-05.

5 Ronn Andriessen, Jan Kroon, Tom Aernouts, and René Janssen, 'Towards Low Cost, Efficient and Stable Organic Photovoltaic Modules', in *27th European Photovoltaic Solar Energy Conference and Exhibition* (Frankfurt, Germany, 24-28 September 2012).

6 S.P. Anthony, J.I. Lee, and J.K. Kim, *Appl. Phys. Lett.*, 90 (2007), 103-07.

7 N. R. Armstrong, C. Carter, C. Donley, A. Simmonds, P. Lee, M. Brumbach, B. Kippelen, B. Domercq, and S. Yoo, *ThinSolid Films*, 445 (2003), 342.

8 Sasi B, and Gopchandran KG., 'Nanostructured Mesoporous Nickel Oxide Thin Films', *Nanotechnology*, 18 (2007), 115613.

9 Sasi B., Gopchandran KG., and Manoj PK., 'Preparation of Transparent and Semiconducting Nio Films', *Vacuum*, 68 (2003), 149-54.

10 S. Berleb, W. Brütting, and M. Schowoever, *Synth. Met.*, 102 (1999), 1034.

11 J. C. Berne`de, and S. Marsillac, *Mater. Res. Bull.*, 32 (1997), 1193.

12 J.C. Bernède, M. Cattin, M. Morsli, and Y. Berredjem, *Solar Energy Materials & Solar Cells*, 92 (2008), 1508-15.

13 J.C. Bernède, V. Jousseaume, M.A. del Valle, and F.R. Diaz, *Current Trends in Polymer Science*, 6 (2001), 135.

14 JC Bernède, S. Houari, D.T. Nguyen, P.Y. Jouan, A. Khelil, A. Mokrani, L. Cattin, and P. Predeep, *Phys. Stat. Sol.* (2012).

15 Pierre Bessemoulin, and Jean Oliviéri, 'Le Rayonnement Solaire Et Sa Composante Ultraviolette', in *La Météorologie*, 2000).

16 R. Betancur, M. Maymo, X. Elias, L.T. Vuong, and J. Martorell, *Sol. Energ. Mater. Sol. Cells*, 95 (2011).

17 Mark C. Biesinger, Brad P. Payne, LeoW.M. Lau, Andrea Gersonb, and Roger St. C. Smart, 'X-Ray Photoelectron Spectroscopic Chemical State Quantification of Mixed Nickelmetal, Oxide and Hydroxide Systems', *Surface and Interface Analysis*, 41 (2009), 324-32.

18 J. Bohlmark, J. Alami, C. Christou, A.P. Ehiasarian, and U. Helmersson, *J. Vac. Sci. Technol. A*, 23 (2005).

19 A.J. Bosman, and H.J. Vandaal . *Adv. Phys.* (1970), 1.

20 A.J. Bosman, and Crevecoeur, *Phys. Rev., B*, 144 (1965), 763.

21 C. J. Brabec, A. Cravinoa, D. Meissnera, N.S. Sariciftcia, M.T. Rispensb, L. Sanchezb, J.C. Hummelenb, and T. Fromherzc, 'The Influence of Materials Work Function on the Open Circuit Voltage of Plastic Solar Cells', *Thin Solid Films*, 403-404 (2002), 368–72.

22 F. Brovelli, F.R. Diaz, M. A. Del Valle, J.C. Bernède, and P. Molinié, *Synth. Met.*, 122 (2000), 123.

23 S.P. Bugaev, N.N. Koval, N.S. Sochugov, and A.N. Zakharov, in *Proceedings of the XVIIth International Symposium on Discharges and Electrical Insulation in Vacuum* (Berkeley, CA, USA July 21-26, 1996), p. 1074.

24 M. Cai, T. Xiao, E. Hellerich, Y. Chen, R. Shinar, and J. Shinar, *Adv. Mater.*, 23 (2011).

25 'Calculated from Icsd Using Powd -12++'.

26 A. F. Carley, S. Rassias, and M. W. Roberts, *Surfaces Sciences* 135 (1983), 35.

27 M. K. Carpenter, R. S. Conell, and D. A. Corrigan, *Solar Energy Materials Letters*, 16 (1987).

28 L. Cattin, F. Dahou, Y. Lare, M. Morsli, R. Tricot, S. Houari, A. Mokrani, K. Jondo, A. Khelil, K. Napo, and J.C. Bernede, *Journal of Applied Physics*, 105 (2009).

29 L. Cattin, M. Morsli, and J. C. Berne`de, *J. Polym. Eng.*, 31 (2011), 329-32.

30 L. Cattin, M. Morsli, F. Dahou, S. Y. Abe, A. Khelil, and J. C. Berne`de, *Thin Solid Films*, 518 (2010), 4560-63.

31 Y.A. Chapuis, T. Heiser, P. Kern, and P. Lévêque, 'Composants Électroniques Et Photovoltaïques Organiques' <http://www-iness.c-strasbourg.fr/Composants-electroniques-et>.

32 H. L. Chen, and Y. S Yang, 'Effect of Crystallographic Orientations on Electrical Properties of Sputter-Deposited Nickel Oxide Thin Films', *Slide Thin Films,* 516 (2008), 5590-96.

33 H.L. Chen, Y.M. Lu, and W.S. Hwang, *Thin Solid Films,* 514 (2006), 361.

34 Hao-Long Chena, Yang-Ming Lub, and Weng-Sing Hwanga, 'Characterization of Sputtered Nio Thin Films', *Surface & Coatings Technology,* 198 (2005), 138- 42.

35 K.-H. Choi, H.-J. Nam, J.-A. Jeong, S.-W. Cho, H.-K. Kim, J.-W. Kang, D.-G. Kim, and W.-J. Cho, *Appl. Phys. Lett.,* 92 (2008).

36 D. J. Christie, *J. Vac. Sci. Technol. A,* 23 (2005).

37 F.Z. Dahou, L. Cattin, J. Garnier, J. Ouerfelli, M. Morsli, G. Louarn, A. Bouteville, A. Khellil, and J.C. Bernède, *Thin Solid Films,* 518 (2010), 6117.

38 B. M. DeKoven, P. R. Ward, R. E. Weiss, D. J. Christie, R. A. Scholl, W. D. Sproul, F. Tomasel, and A. Anders, in *Proceedings of the 46th Annual Technical Conference*, May 3-8 (2003)), p. 158.

39 D. Depla, and R. De Gryse, 'Target Poisoning During Reactive Magnetron Sputtering: Part Ii: The Influence of Chemisorption and Gettering', *Surface and Coatings Technology* 183 (2004), 196-203.

40 D. Depla, S. Mahieu, and R. De Gryse, 'Magnetron Sputter Deposition: Linking Discharge Voltage with Target Properties', *Surface and Coatings Technology,* 517 (2009), 2825-39.

41 D. Duche, P. Torchio, L. Escoubas, F. Monestier, J. J. Simon, F. Flory, and G. Mathian, *Sol. Energy Mater. Sol. Cells,* 93 (2009).

42 'Effet Photovoltaïque', in *http://fr.wikipedia.org/wiki/Effet_photovolta%C3%AFque*, 2012).

43 A.P. Ehiasarian, P.Eh. Hovsepian, L. Hultman, and U. Helmersson, *Thin Solid Films,* 457 (2004).

44 Fan F.-R., and Faulkner L. R., 'Photovoltaic Effects of Metalfree and Zinc Phthalocyanines. Ii. Properties of Illuminated Thin-Film Cells', *The Journal of Chemical Physics,* 69 (1978), 3341-49.

45 M. Fahland, T. Vogt, W. Schoenberger, and N. Schiller, *Thin Solid Films,* 516 (2008).

46   I.K. Fetisov, *Vacuum* 53 (1999), 133.

47   I.K. Fetisov, A.A. Filippov, G.V. Khodachenko, D.V. Mozgri, and A.A. Pisarev, *Vacuum* 53 (1999).

48   E. Fujii, A. Tomozawa, H. Torii, and R. Takayama, *Jpn. J. Appl. Phys. Lett.*, 35 (1996).

49   ———, *Jpn. J. Appl. Phys. Lett.*, 35 (1996), 328.

50   Veronique S. Gevaerts, Alice Furlan, Martijn M. Wienk, Mathieu Turbiez, and René A. J. Janssen, 'Solution Processed Polymer Tandem Solar Cell Using Efficient Small and Wide Bandgap Polymer:Fullerene Blends', *Adv. Mater.*, 2012 (2012), 2130-34.

51   S. Glenis, G. Tourillon, and F. Garnier, 'Influence of the Doping on the Photovoltaic Properties of Thin Films of Poly-3-Methylthiophene', *Thin Solid Films*, 139 (1986), 221-31.

52   A. Godoy, L. Cattin, L. Toumi, F. R. Diaz, M. A. del Valle, B. G. M. Soto, Kouskoussa, M. Morsli, K. Benchouk, A. Khelil, and J. C. Berne`de, *Sol. Energy Mater. Sol. Cells*, 94 (2010).

53   R. Groenena, J. L¨offler b, P.M. Sommelingc, J.L. Lindend, E.A.G. Hamersa, R.E.I. Schroppb, and M.C.M. van de Sandena, 'Surface Textured Zno Films for Thin Film Solar Cell Applications by Expanding Thermal Plasma Cvd', *Thin Solid Films*, 392 (2001), 226-30.

54   C. Guillén, and J. Herrero, *Thin Solid Films* 520 (2011), 1-17.

55   Lee C. H., Yu G., Moses D., and Heeger A. J., *Picosecond Transient Photoconductivity in Poly(P-Phenylenevinylene.* ed. by Physical Review B 49. Vol. 2396, 1994).

56   A et al Hadipour, 'Solution-Processed Organic Tandem Solar Cells', *Advanced Functional Materials*, 16 (2006), 1897-903.

57   H. A. E. Hagelin-Weaver, J. F. Weaver, G. B. Hoflund, and G. N. Salaita, *J. Electron Spectrosc. Relat. Phenom*, 134 (2004), 139.

58   I. Hancox, L.A. Rochefort, D. Clare, P. Sullivan, and T.S. Jones, *Appl. Phys. Lett.*, 99 (2011).

59   Yutaka Harima, Kazuo Yamashita, and Hitomi Suzuki, 'Spectral Sensitization in an Organic P-N Junction Photovoltaic Cell', *Applied Physics Letters*, 45 (1984), 1144.

60   'Heliatek Achieves New World Record for Organic Solar Cells with Certified 9.8 % Cell Efficiency', 2011) <http://www.heliatek.com/?p=1346&lang=en#>.

61 'Heliatek Achieves New World Record for Organic Solar Cells with Certified 9.8 % Cell Efficiency', in http://www.heliatek.com/wp-content/uploads/2011/12/111205_PI_Heliatek-with-efficiency-record-for-organic-solar-cell_EN.pdf, 2011).

62 'Heliatek Consolidates Its Technology Leadership by Establishing a New World Record for Organic Solar Technology with a Cell Efficiency of 12%', in http://www.heliatek.com/wp-content/uploads/2013/01/130116_PR_Heliatek_achieves_record_cell_effiency_for_OPV.pdf, 2013).

63 'Heliatek Sets New World Record Efficiency of 10.7 % for Its Organic Tandem Cell', in http://www.heliatek.com/wp-content/uploads/2012/09/120427_PI_Heliatek-world-record-10_7-percent-efficiency.pdf, 2012).

64 U. Helmersson, M. Lattemann, J. Bohlmark, A. P. Ehiasarian, and J. T. Gudmundsson, *Thin Solid Films*, 513 (2006).

65 M. Hiramoto, M. Suezaki, and M. Yokoyama, 'Effect of Thin Gold Interstitial-Layer on the Photovoltaic Properties of Tandem Organic Solar Cell', *Chemistry Letters* (1990), 327-30.

66 I. Hotový, J. Huran, L. Spiess, J. Liday, H. Sitter, and Š. Hašèík, *Vacuum*, 69 (2003), 237.

67 J. Huang, P. F. Miller, J. S. Wilson, A.J. de Mello2, J. C. de Mello2, and D. D. C. Bradley, 'Investigation of the Effects of Doping and Post-Deposition Treatments on the Conductivity, Morphology, and Work Function of Poly(3,4-Ethylenedioxythiophene)/Poly(Styrene Sulfonate) Films', *Advanced Functional Materials*, 15 (2005), 290–96.

68 M.D. Irwin, J.D. Servaites, D.B. Buchholz, B.J. Leever, J. Liu, J.D. Emery, M. Zhang, J.-H. Song, M.F. Durstock, A.J. Freeman, M.J. Bedzyk, M.C. Hersam, R.P.H. Chang, M.A. Ratner, and T.J. Marks, *Chem. Mater.*, 23 (2011).

69 B.U. Jang, A.I. Inamdar, J. Kim, W. Jung, H. Im, H. Kim, and P. Hong, *Thin Solid Films*, 520 (2012), 5451.

70 J.-A. Jeong, Y.-S. Park, and H.-K. Kim, *J. Appl. Phys.*, 107 (2010).

71 S.R. Jiang, B.X. Feng, P.X. Yan, X.M. Cai, and S.Y. Lu, 'The Effect of Annealing on the Electrochromic Properties of Microcrystalline Niox ®Lms Prepared by Reactive Magnetron Rf Sputtering', *Applied Surface Science*, 174 (2011), 125-31.

72 Johnev, and et al, *Thin Solid Films* (2005).

73 H. Kamal, E. K. Elmagharby, S. A. Ali, and K. Abdel-Hady, 'Characterization of Nickel Oxide Films Deposited at Different Substrate Temperatures Using Spray Pyrolysis', *J. Crystal Growth*, 262 (2004), 424-34.

74 H-J. Kang, Tan, and Silva, *Org. Electron.* (2009).

75 S. Karg, W. Riess, V. Dyakonov, and M. Schwoerer, 'Electrical and Optical Characterization of Poly(Phenylene-Vinylene) Light Emitting Diodes', *Synthetic Metals,* 54 (1993), 427-33.

76 A. Karpinski, 'Couches Interfaciales Tio2 Et Nio Déposées Par Csd Et Pvd, Pour Cellules Solaires Organiques', Des sciences et des techniques, 2011), p. 186.

77 D. Kearns, and M. Calvin, 'Photovoltaic Effect and Photoconductivity in Laminated Organic Systems', *The Journal of Chemical Physics,* 29 (1958), 950-51.

78 P.J. Kelly, and R.D. Arnell, *J. Vac. Sci. Technol. A,* 16 (1998), 2858.

79 Sasi B Gopchandran KG., 'Nano Structured Mesoporous Nickel Oxide Thin Films ', *Nano technology,* 18 (2007), 115613-21.

80 M. Kitao, K. Zawa, K. Urabe, T. Komatsu, S. Kuwano, and S. Yamada, *Jpn. J. Appl. Phys. Lett.,* 33 (1994), 6656.

81 S. Konstantinidisa, J. P. Dauchot, M. Ganciu, and M. Hecq, *Appl. Phys. Lett.,* 88 (2006).

82 S. Konstantinidisa, J. P. Dauchot, M. Ganciu, A. Ricard, and M. Hecq, 'Influence of Pulse Duration on the Plasma Characteristics in High-Power Pulsed Magnetron Discharges', *J. of Applied Physics,* 99 (2006).

83 V. Kouznetsov, K. Macák, J.M. Schneider, U. Helmersson, and I. Petrov, *Surf. Coat. Technol.,* 122 (1999), 290.

84 M. Kroger, S. Hamwi, J. Meyer, T. Riedl, W. Kowalsky, and A. Kahn, *Appl. Phys. Lett.,* 95 (2009).

85 H. Kumagai, M. Matsumoto, K. Toyoda, and M. Obara, *J. Mater. Sci. Lett.,* 15 (1996), 1081.

86 Martijn Lenes, Gert-Jan A. H. Wetzelaer, Floris B. Kooistra, Sjoerd C. Veenstra, Jan C. Hummelen, and Paul W. M. Blom, 'Fullerene Bisadducts for Enhanced Open-Circuit Voltages and Efficiencies in Polymer Solar Cells', *Advanced Materials,* 20 (2008), 2116-19.

87 J. Leng, Z. Yu, T. Zhang, Y. Jiang, J. Zhang, and D. Zhang, *J. Appl. Phys.,* 108 (2010).

88 F. Li, S. Ruan, Y. Xu, F. Meng, J. Wang, W. Chen, and L. Shen, *Sol.Energy Mater. Sol. Cells,* 95 (2011), 877-80.

89 F. K Lotgering, 'Topotactical Reactions with Ferrimagnetice Oxides Having Hexagonal Crystal Structure-I', *J. Inorg. Nucl. Chem.,* 9 (1959), 113-23.

90　　D. Lundin, in *The HiPIMS Process* (LiU-Tryck, Linköping, Sweden, ed. 2010).

91　　Daniel Lundin, *The Hipims Process*. LiU-Tryck, Linköping, Sweden edn, 2010).

92　　P. Lunkenheimer, A. Loidl, C.R. Ottermann, and K. Bange, *Phys. Rev., B,* 44 (1991), 5927.

93　　Knupfer M., 'Exciton Binding Energies in Organic Semiconductors', *Applied Physics A: Materials Science & Processing,* 77 (2003), 623-26.

94　　Peter M. Martin, *Handbook of Deposition Technologies for Films and Coatings*. Science, Aplications and Technology edn (Burlington, MA 01803, USA, 2002).

95　　J. Mayer, S. Hamwi, T. B€ulow, H.-H. Johannes, T. Riedl, and W. Kowalsky, *Appl. Phys. Lett.,* 91 (2007).

96　　H. Meiher, in *Organic Seminconductor* (Verlag Chemie: Weunheim, 1974), p. 459.

97　　R. Messier, A.P. Giri, A.R. Roy, A2 1984., and 500., *J. Vac. Sci. Technol. A2* (1984), 500.

98　　D.J. Miller, M.C. Biesinger, and N.S. McIntyre, *Surf. Interface Anal,* 33 (2002), 299.

99　　F.J. Morin, *Phys. Rev., B,* 93 (1954), 1199.

100　　B.A. Movchan, A.V. Demchishin, and Fiz. Me., 1969), p. 83.

101　　D.V. Mozgrin, I.K. Fetisov, and G.V. Khodachenko, *Plasma Phys. Rep.,* 25 (1999), 255.

102　　D. Mutschall, S.A. Berger, and E. Obermeier, in *Proc. of 6th international meeting on chemical sensors* (Gaithersburg, 1996), p. 28.

103　　K. Nakaoka, J. Ueyama, and K. Ogura, *J. Electroanal. Chem.,* 571 (2004).

104　　A. J. Nelson, *J. Appl. Phys.,* 78 (1995), 5701.

105　　P. R. Norton, G. L. Tapping, and J. W. Goodale, *Surfaces Sciences,* 65 (1977).

106　　Nuesch, and et al, *Appl. Phys. Lett.,* 74 (1999).

107　　Y.-N. Nuli, S.-L. Zhao, and Q.-Z. Qin, *J. Power Sources,* 114 (2003).

108　　D. Oh, Y. S. No, S. Y. Kim, W. J. Cho, K. D. Kwack, and T. W. Kim, *J. Appl. Phys. ,* 509 (2011), 2176-79

109　　A.A Othman, M.A. Osman, and H.H. Amer, *Thin Solid Films,* 457 (2004), 253.

110 F. Padinger, R.S. Rittberger, and N.S. Sariciftci, 'Effects of Postproduction Treatment on Plastic Solar Cells', *Advanced Functional Materials,* 13 (2003), 85-88.

111 E. D. Palik, *Hand Book of Optical Constants of Solids* (Academic, New York, 1985).

112 J.I. Pankove, *Optical Process in Semiconductors* (Prentice Hall, Inc: New Jersey, 1971), p. 422.

113 S-Y. Park, H-R. Kim, H-J. Kang, D-H. Kim, and J-W. Kang, *Sol. Energy Mater. Solar Cells,* 94 (2010), 2332-36.

114 I. Petrov, F. Adibi, J. E. Greene, L. Hultman, and J. E. Sundgren, *Appl. Phys. Lett.,* 63 (1993).

115 I. Petrov, P. B. Barna, L. Hultman, and J. E. Greene, 'Microstructural Evolution During Film Growth', *J. Vac. Sci. Technol. A,* 21 (2003), 5.

116 Peumans, and et al, *Appl. Phys. Lett.* (2000).

117 P. Peumans, and S. R. Forrest, 'Very-High-Efficiency Double-Heterostructure Copper Phthalocyanine/C60 Photovoltaic Cells', *Appl. Phys. Lett.,* 79 (2001), 126-28.

118 M. Philipp, M. Knupfer, B. Buchner, and H. Gerardin, *J. Appl. Phys.,* 109 (2011).

119 W. M. Posadowski, and A. Brudnik, *Vacuum* 53 (1999).

120 K.K. Purushothaman, and G.Muralidharan, 'The Effect of Annealing Temperature on the Electrochromic Properties of Nanostructured Nio Films', *Solar Energy Material & Solar cells,* 93 (2009), 1195-201.

121 P. Pushparajah, and S. Radhakrishna, *J. Mater. Sci.,* 32 (1997), 3001.

122 Jiang S. R., Feng B. X., Yan P. X., Cai X. M., and Lu S. Y., 'The Effect of Annealing on the Electrochromic Properties of Microcrystalline Niox Films Prepared by Reactive Magnetron Rf Sputtering', *Appl Surf Sci,* 174 (2001), 125.

123 Biswajit Ray, and Muhammad A. Alam, 'Random Vs Regularized Opv: Limits of Performance Gain of Organic Bulk Heterojunction Solar Cells by Morphology Engineering', *Solar Energy Materials & SolarCells,* 99 (2012), 204-12.

124 Philippe Rekacewicz, and UNEP/GRID-Arendal, 'Greenhouse Effect', in *http://www.grida.no/graphicslib/detail/greenhouse-effect_156e,* 2005).

125 Richardt, and A.-M. Durand, eds., *Dépôts De Couches Minces Par Pulvérisation (Sputtering).*

126   J. Rostalski, and D.Meissner, 'Photocurrent Spectroscopy for the Investigation of Charge Carrier Generation and Transport Mechanisms in Organic P/N-Junction Solar Cells', *Solar Energy Materials & Solar Cells,* 63 (2000), 37-47.

127   Radu D. Rugescu, ed., *Solar Energy*Intech, 2010).

128   H.W. Ryu, G.P. Choi, W.S. Lee, and J.S. Park, *J. Mater. Sci. Lett.,* 39 (2004), 4375.

129   M.S. Ryu, and J. Jang, *Sol. Energy Mater. Sol. Cells,* 95 (2011).

130   S. Y. Ryu, J. H. Noh, B. H. Hwang, C. S. Kim, S. J. Jo, J. T. Kim, H. S. Jeong, C. H. Lee, S. Y. Song, S. H. Choi, and S. Y. Park, *Appl. Phys. Lett.,* 92 (2008).

131   D. R. Sahu, and J.-L. Huang, *Thin Solid Films,* 516 (2007).

132   D. R. Sahu, S.-Y. Lin, and J.-L. Huang, *Thin Solid Films,* 516 (2008).

133   B. Sasi, K. G. Gopchandran, P. K. Manoj, P. Koshy, P. Prabhakara Rao, and V. K. Vaidyan, *Vacuum,* 68 (2003).

134   H. Sato, T. Minami, S. Takata, and T. Yamada, *Thin Solid Films,* 236 (1993), 27.

135   L. Shen, Y. Xu, F. Meng, F. Li, S. Ruan, and W. Chen, *Org. Electron.,* 12 (2011), 1223-26.

136   Singh, and et al, *Appl. Phys. Lett.* (2005).

137   ———, *Sol. Energ. Mater. Sol. Cells* (2006).

138   L. Soriano, M. Abbate, A. Fem(mdez, A.R. Gonzfilez-Elipe, F. Sirotti, G. Rossi, and J.M. Sanz, 'Thermal Annealing of Defects in Highly Defective Nio Nanoparticles Studied by X-Ray and Electron Spectroscopies', *Chemical Physics Letters,* 266 (1997), 184-88.

139   W.D. Sproul, D.J. Christie, and D.C. Carter, *Thin Solid Films* 491 (2005), 1 - 17.

140   'Standard Test Conditions (Stc) in the Photovoltaic (Pv) Industry', in http://www.imtsolar.com/public/files/IMT%20Solar_STC%20for%20PV%20APP%20NOTE.pdf.

141   K.X. Steirer, J. P. Chesin, N.E. Widjonarko, J.J. Berry, A. Miedaner, D.S. Ginley, and D.C. Olson, *Org. Electron.,* 11 (2010), 1414-18.

142   N. Sun, G. Fang, P. Qin, Q. Zheng, M. Wang, X. Fan, F. Cheng, J. Wan, and X. Zhao, *Sol. Energ. Mater. Sol. Cells,* 94 (2010).

143   J. S. E. M. Svensson, and C. G. Granqvist, *Solar Energy Materials Letters,* 16 (1987).

144 C. W. Tang, 'Twolayer Organic Photovoltaic Cell', : *Appl. Phys. Lett.*, 48 (1986), 183-85.

145 C. W. Tang, and A. C. Albrecht, 'Transient Photovoltaic Effects in Metal-Chlorophyll-a-Metal Sandwich Cells.', *The Journal of Chemical Physics*, 63 (1975), 953-61.

146 D. Taylor, and Trans. J. Br., *Ceram. Soc.*, 83 (1984).

147 B. C. Thompson, and J. M. J. Fréchet, eds. ed. by 47. Angew. Chem. Int. edn, *Polymer-Fullerene Composite Solar Cells*, 2008), pp. 58–77.

148 C. V. Thompson, and Annu. Rev., *Mater. Sci.*, 20 (1990), 245.

149 J. Thornton, *J. Vac. Sci. Technol. A*, 4 (1986), 3059.

150 J. A. Thornton, and Ann. Rev., *Mater.Sci.*, 7 (1977), 239.

151 S. Vedraine, P. Torchio, D. Duche, F. Flory, J. J. Simon, J. Le Rouzo, and L. Escoubas, *Sol. Energy Mater. Sol. Cells*, 95 (2011).

152 Laurence Vignau, 'Les Cellules Photovoltaïques Organiques', (Bordeaux: Laboratoire de l'Intégration du Matériau au Système (IMS).

153 T. Winkler, H. Schmidt, H. Fleugge, F. Nikolayzik, I. Baumann, S. Schmale, T. Weimann, P. Hinze, H.-H. Johannes, T. Rabe, S. Hamwi, T. Riedl, and W. Kowalsky, *Org. Electron.*, 12 (2011).

154 Song X., and Gao L., 'Facile Synthesis of Polycrystalline Nio Nanorods Assisted by Microwave Heating', *J. Am. Ceram Soc* 91 (2008), 3465-8.

155 Zhang Xuping, and Chen Guoping, *Thin Solid Films*, 298 (1997), 53.

156 Y.Gassenbauer, and A.Klein, *J. Phys.Chem.*, B110 (2006), 4793.

157 Jiin-Long Yang, Yi-Sheng Lai, and J.S. Chen, 'Effect of Heat Treatment on the Properties of Non-Stoichiometric P-Type Nickel Oxide Films Deposited by Reactive Sputtering', *Thin Solid Films*, 488 (2005), 242 - 46.

158 P.C. Yu, G. Nazri, and C.M. Lampert, *Solar Energy Materials Letters*, 16 (1987).

159 D. Zhang, P. Wang, R. Murakami, and X. Sang, *Appl. Phys. Lett.*, 96 (2010).

160 F. Zhang, F. Sun, Y. Shi, Z. Zhuo, L. Lu, D. Zhao, Z. Xu, and Y. Wang, *Energy Fuels*, 24 (2010).

161 Ying Zhou, Yongyou Geng, and Donghong Gu, 'Influence of Thermal Annealing on Optical Properties and Surface Morphology of Niox Thin Films', *Materials Letters* 61 (2007), 2482-85.

CONCLUSION GÉNÉRALE

L'objectif de cette thèse était l'utilisation, dans une cellule photovoltaïque, d'un oxyde comme couche tampon à l'interface électrode/semi-conducteur organique afin d'en augmenter le rendement et la durée de vie.

Dans un premier temps, nous avons fait un état de l'art sur l'énergie solaire qui est sans nul doute l'énergie renouvelable par excellence. Nous avons montré les différentes formes d'utilisation de cette énergie en nous concentrant davantage sur l'effet photovoltaïque à partir de composés organiques qui était l'objet de cette étude. Nous avons défini de manière exhaustive les paramètres électriques des cellules photovoltaïques. Enfin nous avons décrit brièvement les méthodes de caractérisation des matériaux que nous avons utilisées au cours de cette thèse.

Dans le deuxième chapitre, nous avons utilisé deux méthodes de dépôt par pulvérisation cathodique réactive : DCMS et HiPIMS. Dans les deux cas nous avons montré que les conditions de décharge telle que la pression, puissance et pourcentage de gaz réactif jouent un rôle déterminant sur la qualité des films de NiO.

En DCMS, les films obtenus étaient bien cristallisés avec une orientation préférentielle (111) ou (200) selon qu'ils étaient sur-stœchiométriques en nickel ou oxygène. Nous avons mis en évidence par diffraction de rayons X une déformation de la maille en fonction de cette sur-stœchiométrie. Nous avons montré que la transmittance et la conductivité électrique des films de NiO étaient liées au pourcentage d'oxygène dans les films. Lorsque ceux-ci sont stœchiométriques ils sont transparents et peu conducteurs. Dès qu'ils s'écartent de la stœchiométrie ils deviennent conducteurs, les meilleurs résultats étant obtenus pour les films sur-stœchiométriques en oxygène pour lesquels on a pu mettre en évidence de façon certaine une conduction par les trous par XPS et mesures électriques.

Les recuits réalisés sur ces films ont montré que dès 400°C ils devenaient tous transparents avec une transmittance supérieure à 70% dans le domaine visible, quelle que soit leur composition initiale tout en gardant une orientation préférentielle représentative de leur teneur en oxygène initiale. Pour les films recuits à 600°C on a observé une augmentation importante de la résistivité qui peut dépasser 1,5 kΩ.cm.

Pour le gap optique, le recuit tend à l'augmenter pour atteindre la valeur maximale de 3,9 eV.

Pour les films de NiO déposés par HiPIMS nous avons montré qu'il était possible de contrôler finement la quantité d'oxygène dans nos films en faisant varier la largeur des pulses. Les films de NiO déposés avec des durées d'impulsions courtes (inférieures à 18 µs) sont riches en oxygène et cristallisés selon la direction (200), possèdent une faible transmission optique et une conductivité électrique élevée. Lorsqu'on augmente la largeur des pulses on diminue la teneur en oxygène, les films sont bien cristallisés avec des orientations préférentielles (111) et (200), transparents avec un gap optique atteignant 4,18 eV pour une largeur de pulse de 45 µs. Nous avons montré qu'en outre nous étions capable d'ajuster le gap optique depuis 3,28 eV jusque 4,18 eV en fonction de la largeur de pulse.

Le troisième chapitre est relatif à la réalisation d'une couche mince de NiO à l'interface ITO/Organique afin de réduire la barrière de potentiel due à la différence entre le travail de sortie de l'anode et l'HOMO du semi-conducteur organique, de bloquer les électrons et d'éviter un courant de fuite de l'organique à anode ITO. Sur la base des résultats du chapitre 2, nous avons choisi trois pourcentages d'oxygène représentatifs de la stœchiométrie des films réalisés en DCMS : sous-stœchiométrique en oxygène, stœchiométrique et sur-stœchiométrique en oxygène. Lorsque les films sont sous-stœchiométriques en oxygène ou stœchiométriques, le processus de formation n'est pas survenu en raison du fait que le film de NiO est résistif et lisse. Lorsque les films de NiO sont sur-stœchiométriques en oxygène, les caractéristiques J-V varient fortement au cours des premiers cycles, ce que nous avons attribué à la destruction de filaments de fuites. Nous avons montré qu'un recuit à 500°C permettait d'obtenir dans ce cas, une efficacité optimale. Enfin, nous avons également montré qu'en introduisant une couche mince de NiO à l'interface ITO/Organique on pouvait augmenter le rendement d'un facteur 3 et multiplier la durée de vie des cellules photovoltaïques organique par plus de 17.

Enfin le dernier chapitre porte sur les propriétés électriques et optiques des structures multicouches $MoO_3/Ag/MoO_3$ en fonction de la vitesse de dépôt et des épaisseurs de couche d'Ag et de MoO_3. Nous avons montré qu'une vitesse de dépôt de 0,20 nm/s pour le film d'argent conduisait à une épaisseur optimale de 10 nm pour le seuil de percolation de la résistivité vers des structures conductrices. Nous avons également mis en évidence que la variation de l'épaisseur des couches MoO_3 modifiait fortement les propriétés optiques des structures multicouches et que celles-ci étaient optimales lorsque la couche inférieure de MoO_3 mesure 20 nm d'épaisseur, et la couche supérieure 35 nm. C'est également avec cette structure MoO_3 (20 nm)/Ag(10nm)/MoO_3(35nm) que nous avons obtenu la meilleure conductivité électrique ($3,3 \times 10^5$ $(\Omega.cm)^{-1}$) prouvant ainsi la capacité de cette structure à remplacer l'ITO à terme dans les cellules photovoltaïques en couches minces organiques. En outre, nous avons pu montrer un bon accord entre les calculs théoriques de la variation de la transmission optique de structures MoO_3/Ag/MoO_3 et les valeurs expérimentales. Nous avons également mis en évidence l'effet antireflet de la couche d'oxyde du côté verre et l'effet de décalage de fréquence provoqué par la couche d'oxyde du côté air.

Oui, je veux morebooks!

i want morebooks!

Buy your books fast and straightforward online - at one of world's fastest growing online book stores! Environmentally sound due to Print-on-Demand technologies.

Buy your books online at
www.get-morebooks.com

Achetez vos livres en ligne, vite et bien, sur l'une des librairies en ligne les plus performantes au monde!
En protégeant nos ressources et notre environnement grâce à l'impression à la demande.

La librairie en ligne pour acheter plus vite
www.morebooks.fr

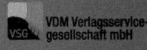

VDM Verlagsservicegesellschaft mbH
Heinrich-Böcking-Str. 6-8
D - 66121 Saarbrücken

Telefon: +49 681 3720 174
Telefax: +49 681 3720 1749

info@vdm-vsg.de
www.vdm-vsg.de

Printed by Books on Demand GmbH, Norderstedt / Germany